DE LA OBSIDIANA

AL URANIO

Estado de México

Este libro es consecuencia de la inquietud, el apoyo, pero sobre todo de las intensas sesiones de gratísimo intercambio de opiniones, datos, nombres, sucesos y giras de trabajo al interior del Estado de México con César Camacho Quiroz.

Primera edición

Morelos Ote. 302, 3er. piso
Toluca, Estado de México

ISBN 968- 484-314-3

Impreso en México.
Printed in Mexico

DE LA OBSIDIANA

AL URANIO

RAÚL CREMOUX

JAIME NAVARRO
Fotografía

INSTITUTO
MEXIQUENSE
DE CULTURA

MÉXICO
1996

Contenido

Presentación

La Obsidiana

El Ópalo

El Recinto

El Jade

El Cuarzo

El Uranio

Presentación

Este libro tiene la aspiración de ofrecer una vista a vuelo de pájaro sobre un territorio que posee una notable variedad de regiones geográficas: desde cañadas de tierras calientes y semitropicales hasta mesetas verdes, altiplanos terregosos, apacibles lagos azules, angostos riachuelos, inmensas manchas urbanas y cumbres heladas. Su complejidad histórica data desde el umbral prehispánico; atraviesa el intenso proceso de conquista y la culminación del mismo; serpentea entre los expedientes de la Revolución y actualmente engarza su tejido político, social y económico con una marea de intensidad sorprendente que todos los días construye nuevos barrios, fábricas, escuelas, caminos; tiende kilómetros de cables de luz y telefonía al tiempo que erige viviendas para tratar de alojar a los muchos que nacen y a los muchísimos más que llegan de otras partes.

La aspiración del trabajo no se ampara en registros numéricos ni en estadísticas. La ruta de vuelo no fue diseñada por las computadoras. Fue trazada por entrevistas personales con seres concretos que expresaron sus anhelos, sufrimientos, gozos, experiencias y logros. Esto permitió el privilegio de incursionar en la vida de medio centenar de compatriotas de todas las edades y clases sociales para, con ello, dibujar un mapa humano del Estado de México en el cual faltan, ciertamente, muchísimos, pero donde nadie sobra. Tiene el lector en sus manos un vistazo, tan sólo es eso, de un pedazo de México sin el cual no se explicaría una parte importante y definitiva del que hoy es el Ser Nacional. El trabajo arranca en un remoto pasado –aún insuficientemente estudiado– y termina del brazo de la ciencia que, una vez más, nos promete un mejor futuro. ¡Buen recorrido!

Raúl Cremoux

La Obsidiana

Allí llegaron entonces.

Por esto se llama ahora

Tenochtitlan Cuauhtli itlacuayan

donde está el águila que devora

en el nopal sobre la piedra.

Miguel León-Portilla, *Los antiguos mexicanos.* FCE, México, 1961.

Hallazgos sin Resolver

Teotihuacán

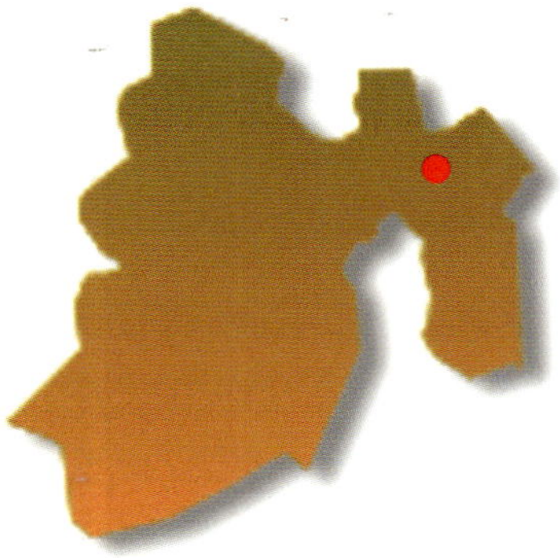

Abandonada siete u ocho siglos antes de la conquista, su belleza pasó desapercibida para los conquistadores puesto que yacía bajo la tierra casi en su totalidad. Ahora lo sabemos: con su vasta superficie y su espléndido carácter de concentración urbana fue la más grande ciudad de América y, quizá, de toda la Antigüedad. Los muros de sus templos estaban pintados al fresco; el número de esculturas y vasijas es incalculable y el suelo que las cobija es una amalgama que las hace ver como un componente natural. No son, en efecto, simples basamentos que afloran bajo las toneladas de tierra removida sino una serie de bien planeadas construcciones deslumbrantes de colorido y de funcionalidad. De este modo, durante muchos años hemos contemplado el espectáculo asombroso de las pirámides y de las avenidas y

plazas que han hecho un nombre ya universal: Teotihuacán.

A pesar de que existe la idea de que hay un conocimiento exhaustivo del sitio, esto no es cabalmente cierto. Hoy sabemos que todavía es mucho lo que falta por descubrir y conocer. En un país cuya civilización original fue desgarrada y donde la tradición misma es el reflejo de fragmentaciones sucesivas, la tarea científica parece no tener límites. Una gran parte, tal vez la más importante del trabajo de los antropólogos y arqueólogos consiste en esforzarse por hacer hablar a los mudos vestigios, lograr que revelen los secretos que guardan y así llegar a establecer el verdadero pasado del hombre.

En esa tarea arqueólogos mexicanos, encabezados por el maestro Rubén Cabrera, realizaron desde octubre de 1992 y hasta fines de 1994, los trabajos que dieron lugar a los hallazgos de La Ventilla. Todo comenzó cuando se iniciaron las labores para dar acomodo a una plaza comercial que se llamaría Los Jaguares en terrenos aledaños a la zona arqueológica. Al encontrarse algunas vasijas se suspendieron los trabajos de edificación y se solicitó al Instituto Nacional de Antropología e

Hallazgos arqueológicos en La Ventilla, Teotihuacán.

La Ventilla, Teotihuacán.

Historia su opinión. Inicialmente fue una labor de salvamento que se convirtió en un proyecto de investigación que abarcó más de trece mil metros cuadrados. En esa superficie se encontraron varios conjuntos arquitectónicos delimitados por calles y plazas. Se trata de un barrio con manzanas de 60 por 60 metros que forman un conjunto cívico religioso.

Sobresale una de las plazas pues sobre el piso hay una sucesión de cuarenta y dos glifos con muy diversas representaciones. Las figuras están enmarcadas en espacios cuadrangulares delimitados por líneas rojas. Todas están dibujadas de perfil y orientadas hacia el este; lo mismo representan un venado que una figura humana; un colibrí o una serpiente; un recipiente o una cabeza de jaguar. Además, se encuentran motivos religiosos como la bolsa de copal de los sacerdotes, Tláloc o un cráneo con adornos.

El equipo de arqueólogos encabezado por Cabrera cree que estas figuras están relacionadas con la escritura, aunque desconocen ese supuesto códice. A lo anterior se suma la posible hipótesis de que el lugar fuera una especie de escuela donde se enseñaba la pintura o los significados simbólicos. Una última posibilidad que apuntan es aquella que daría lugar a un centro de reunión para gente muy importante y entonces cada figura representaría el escudo o la función de cada personaje.

Todos los edificios son teotihuacanos, aunque es preciso decir lo siguiente: los clásicos tienen talud y tablero y aquí hemos encontrado algunos con el tablero estilo oaxaqueño. Para nosotros es clara la relación que hubo entre zapotecas y teotihuacanos. Pero, ¿por qué precisamente aquí estas edificaciones? Todavía no lo sabemos.

El sitio se asemeja a una maqueta gigante. Las unidades están regularmente separadas por lo que debieron ser calles. Al norte hay un conjunto similar, y hacia el oeste otro con características semejantes. En las placitas se encuentran pozos artesianos todavía con agua y los drenajes, en muchas partes, también permanecen casi intactos. Estos ductos siempre van ocultos debajo de los pisos y están resanados y terminados con adobe.

El hallazgo de La Ventilla permite corroborar con renovada autoridad lo que ya se sabía: Teotihuacán alcanzó en su apogeo una extensión de más de 22 kilómetros cuadrados, y una población cercana a los 200 mil habitantes; contaba con un imponente centro ceremonial, cívico y político; tenía un área de producción, y por lo que ahora se ve un área residencial. La ciudad estaba dividida en varios sectores con categorías distintas en sus construcciones y como se trataba de un sitio eminentemente religioso constantemente llegaban peregrinaciones a él.

Como metrópoli, Teotihuacán tuvo contacto con muchas culturas de su época. Se relacionaba con Monte Albán, en Oaxaca; con la zona maya y

Maestro Rubén Cabrera.

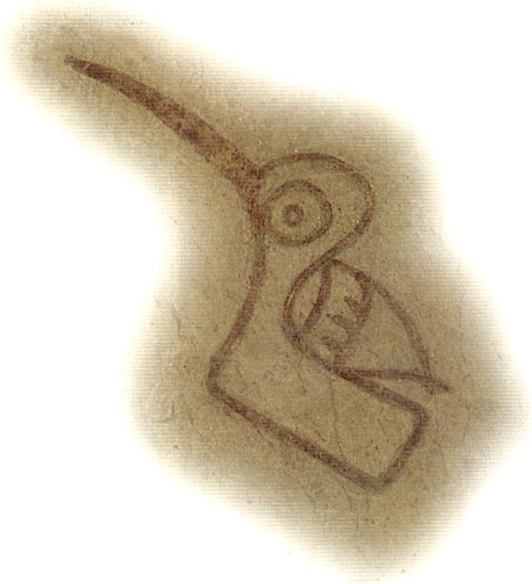

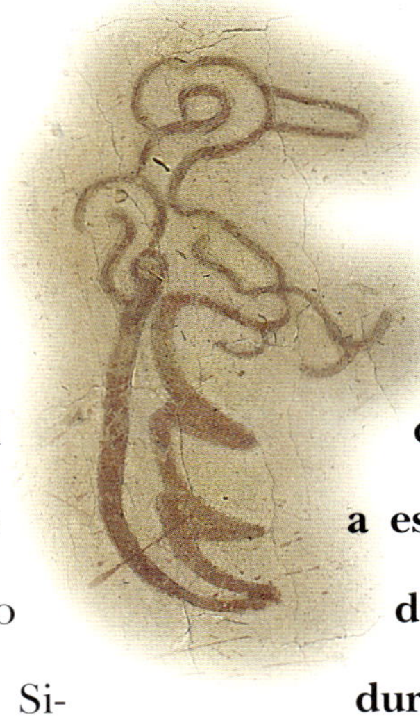

este contacto incluso llegó hasta Copán, Tikal y Kaminal Huyú; en el occidente sus brazos se extendieron hasta lo que hoy conocemos como Sinaloa. Luego entonces, una zona habitacional que albergara peregrinos, invitados, dirigentes, ha de haber sido necesaria y La Ventilla, quizá, pudo ser ese complejo que diera hospedaje a esas personas, al mismo tiempo que, bajo otras circunstancias, podría haber sido un centro de enseñanza y de reunión múltiple.

En Teotihuacán es común encontrar figuras simétricas; hasta ahora los jaguares siempre habían estado separados de los personajes humanos; aquí, en cambio, están estrechamente relacionados. A ello deben añadirse la representación de crótalos y otros motivos simbólicos como Venus, la estrella de la mañana, algunos penachos y hasta animales marinos. El nombre de La Ventilla que se le ha dado a esta zona de hallazgos proviene del hecho de que aquí cerca durante la época colonial existió un lugar en donde se vendía comida a los viajeros. Como el sobrenombre era el más común, ese nombre se le quedó.

Otros descubrimientos relevantes son los de la llamada Plaza de los Chalchihuites. Ahí se encuentran figuras que, en la pintura mural, en la cerámica de otras culturas prehispánicas como la zapoteca y la teotihuacana representan una alegoría fácil de identificar con el corazón cortado que alude a los sacrificios humanos y que se pensaba no habían tenido lugar en el sitio. Igualmente interesante es lo que se refiere a una figura humana representada sobre el piso. En Teotihuacán esto no se había encontrado y el estilo parece pertenecer a culturas muy tardías. Es un ser visto de perfil con la cabeza de *xolotl* o perro, en la que se aprecian los colmillos, con un tocado que se ve de frente. Ahí aparece la vírgula de la palabra. La figura se asocia con una vasija que significa el sonido de un canto. El personaje está dispuesto hacia el drenaje y se infiere que está fertilizando un campo de magueyes. Puede tratarse de una deidad como Xoloc, asociada a Venus, y al mismo tiempo relacionada con la diosa de la fertilidad. Esas figuras fueron realizadas aproximadamente en el año 450 de nuestra era y los restauradores indican que otras nuevas pueden aparecer al librarse las capas que presumiblemente todavía están sobre ellas.

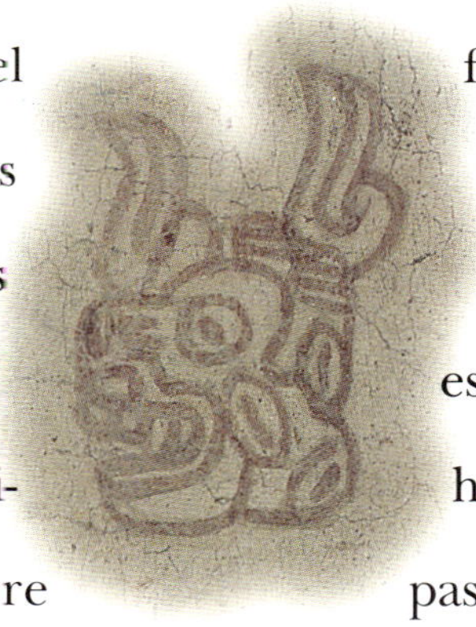

Si bien el estilo de la pintura mural en donde pueden verse los restos de patas verdes de una procesión de aves es muy teotihuacano, el trazo de los cuarenta y dos glifos descubiertos es muy singular ya que no es muy conocido. Incluso algunos arqueólogos que fueron consultados consideran que debieron ser producidos por una cultura tardía, ejecutados quizá por personas que los pintaron después de que el sitio fue abandonado.

Objetos de cerámica, braseros ceremoniales, entierros, pintura mural, fragmentos, arquitectura y más, están a la espera de laboratorios, medios científicos, técnicos y económicos que permitan continuar con los estudios que expliquen estos hallazgos. Reconstruir la historia de lo que ocurrió en el pasado es ciertamente una forma más clara de entender lo que somos en el presente y tal vez nos permita anticipar, para mejorarlo, nuestro futuro.

TEXCOCO

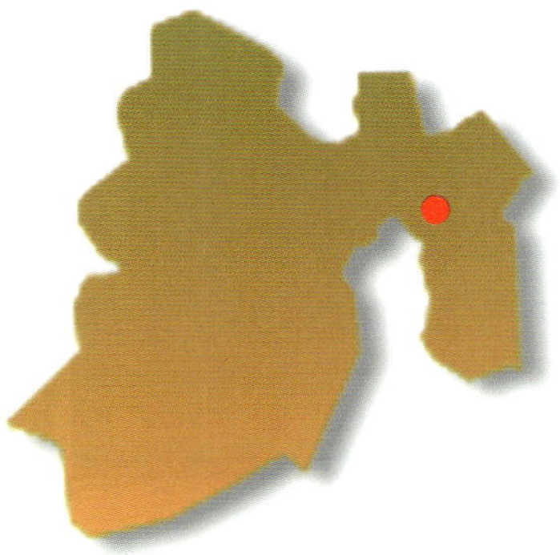

EN EL AUDITORIO de la Casa de la Cultura de Texcoco hay un eco logrado por las altas paredes desnudas y el butaquerío vacío. Don Rodolfo Pulido Acuña, el cronista de la ciudad, está en una mesa poblada de libros, revistas, recortes periodísticos y pequeños folletos editados modestamente pero con el orgullo de haber sido realizados por él mismo. Hombre alto, moreno y de maneras enérgicas, es una de las personas más calificadas para hablar sobre el Texcoco prehispánico lo cual hace frecuentemente en conferencias auspiciadas por el Instituto Mexiquense de Cultura. La taza de café ardiente acompaña al cronista y lo ayuda a sumergirse en el pasado.

Rodolfo Pulido Acuña.

Al fundarse la gran Tenochtitlan, en 1321, ya Texcoco tenía una influencia muy marcada en la región que en épocas prehispánicas abarcaba una gran parte del Golfo y del centro de Mesoamérica hasta el sur. Pero no tenía la grandeza que cobra al fundarse Tenochtitlan y otros señoríos como Azcapotzalco, Tlacopac, Iztapalapa, Chalco, que van formando un conjunto bastante poderoso en cuanto al aspecto político y cultural. Se considera a

Texcoco como la segunda ciudad más importante, de ahí resulta la triple alianza: Texcoco-Tenochtitlan y Tlacopac. Muchos historiadores consideran esa primicia. Yo difiero un poco en cuanto al concepto, puede haber razonamientos muy válidos, documentación en los códices o en el Archivo de Indias en España que nos pudieran dar esa primicia de que Texcoco tiene esa fisonomía, de que aquí se empezó a fundar la nacionalidad mexicana. El Estado de México es todo México: lleva el nombre de la nación y el del Estado. Entonces el Estado de México abarcaba el actual estado de Guerrero, parte de Morelos, Hidalgo, parte de Tlaxcala y el Distrito Federal. Tenía una superficie de 123 mil kilómetros cuadrados. A partir de 1829 empieza el fraccionamiento del Estado de México y se fundan Morelos, Guerrero, Hidalgo, y Tlaxcala toma una parte del Estado de México. Nos queda una superficie de 22 mil kilómetros cuadrados en números redondos. Creo que a partir de la consumación de la Independencia se empieza a desarrollar el carácter y la fisonomía de la nación mexicana.

Como se sabe, el Estado de México se funda el 2 de marzo de 1824 por decreto del 31 de enero del mismo año. En ese punto hay una pequeña diferencia en cuanto a su verdadera fundación. Consideramos que es el 2 de marzo por el aspecto legal de la fundación propiamente dicha. La primera capital del Estado de México estaba en la ciudad de México y ocupaba lo que fue el edificio de la Santa Inquisición; de ahí pasa a Texcoco en 1827. Para esa fecha, Texcoco tenía una población cercana a los 3 mil habitantes aunque no tenía ninguna edificación adecuada para ser capital.

El doctor José María Luis Mora, un ideólogo extraordinario, fue el que dirigió los trabajos de la primera constitución del Estado de México. Se dice que en la Casa del Constituyente se llevaron a cabo algunas discusiones y en honor de ellos se erigió esa casa.

Sobre la alimentación podemos asegurar que, en términos generales,

nuestros ancestros eran hombres muy sanos. Comían espinacas, quelites, huauzontles, acelgas. De carnes comían guajolote, conejo, trucha, pero su verdadera alimentación era el maíz. Lo consumían en tamal, en atole, tortillas, una bebida que hacen con maíz machado y cocoa... El lago de Texcoco les suministraba acociles, ajolotes, ranas, *poshi*, pescados, ahuatle y la espirulina. Todo eso era una fuente inagotable de proteínas extraordinaria. Por ejemplo, el ahuatle tiene las mismas características proteínicas que el camarón, incluso sabe igual. El ahuatle es la larva del mosco que pone sus huevecillos en las plantas acuáticas de la laguna. Es una especie de semilla, negrita. Se lava, se muele, se hace una pasta achocolatada, y se elaboran tortitas. Todavía se come, como la espirulina. El pescado se come con hojas de tamal. El acocil es un camarón chico, de río. El *poshi* es un gusanito que se obtenía en una región que se llama Tocuila, que quiere decir "lugar donde hay gusanos." Este gusano se asaba y se comía.

Las enfermedades se controlaban con hierbas. Se había desarrollado mucho la herbolaria. Nezahualcóyotl, que es uno de los reyes más grandes que ha habido en todas las épocas de Mesoamérica, tenía un zoológico y un jardín botánico en el que se cultivaban plantas medicinales y curativas. Hasta la fecha se utilizan todavía muchas de aquellas plantas prehispánicas porque la mayor parte de ellas son silvestres.

A la llegada de los colonizadores, ¿cambia también la alimentación?

Absolutamente, da un giro de 180 grados. La alimentación era diametralmente opuesta. Ellos no comían lo que nosotros, y se empieza a crear un mestizaje culinario que llega hasta nuestra época. Por ejemplo, los mexicas comían el chile de una manera y los españoles lo molieron, lo mezclaron con jitomate. Antes el jitomate, que es originario de México, el *tomatl*, se consumía de manera totalmente diferente. El resultado fue que se cambió la forma de comer y se fue mezclando. Pero por desgracia introdujeron el puerco y la vaca, lo que le dio otra fisonomía a nuestra alimentación.

La medicina indígena estaba muy adelantada en muchos aspectos. Además de los profundos conocimientos que se tenían de las plantas medicinales, se hacían incrustaciones de piedras preciosas en los dientes, trepanaciones de cráneo, soldadura de huesos, etcétera.

Entre los aspectos históricos más sobresalientes de Texcoco se cuenta que se tenía a los mejores *tlacuilos*, que eran los maestros; el mejor *pochteca*, que es el equivalente de la universidad. Aquí se hablaba el náhuatl clásico. Los señores de Iztapalapa, de Chalco, de Tlacopac, de Azcapotzalco, del mismo México-Tenochtitlan envíaban a sus hijos a educarse a Texcoco porque

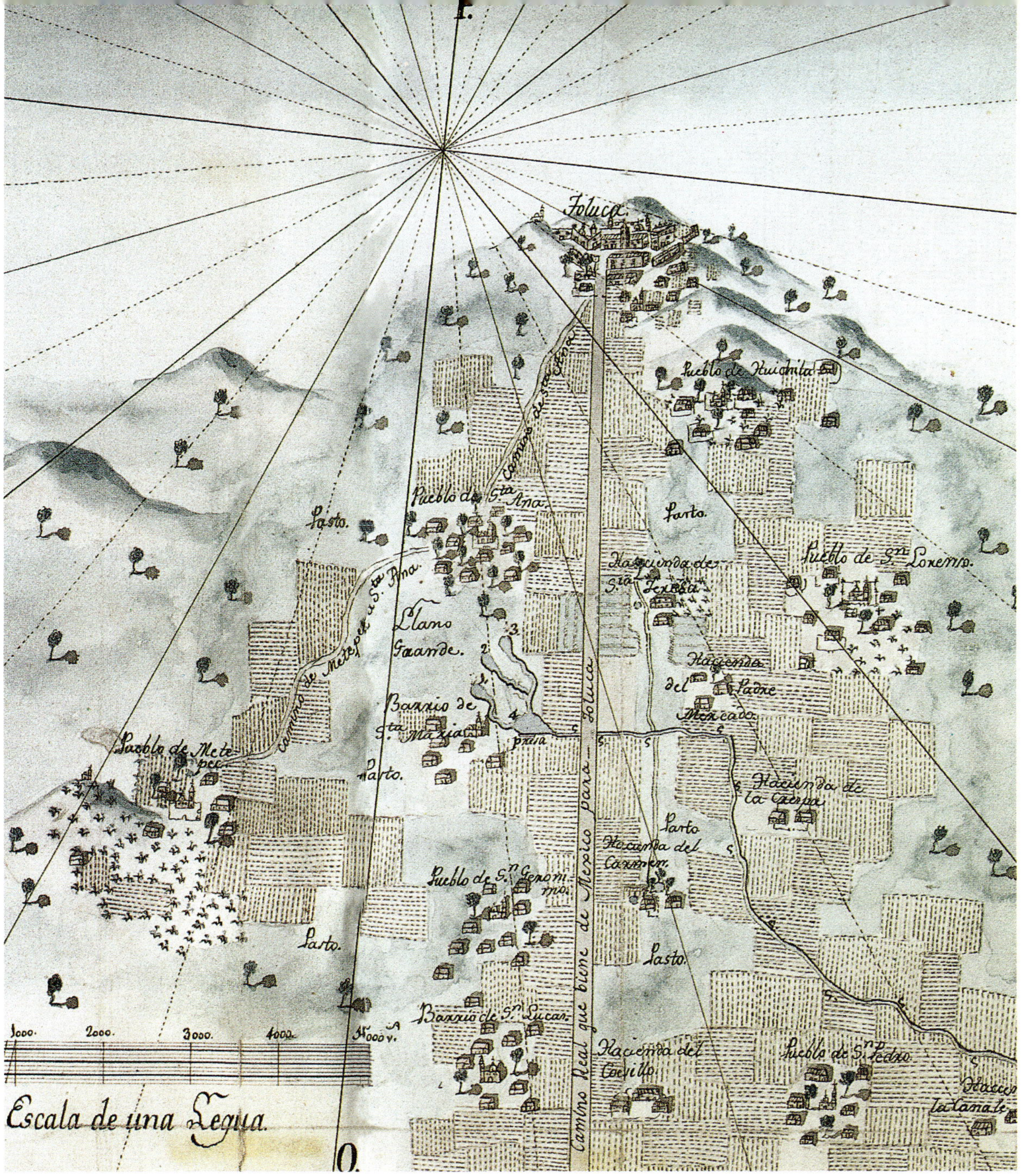

Plano del siglo XVIII, AGN.

Abecedario tallado en piedra.
Catedral de Texcoco.

era, digamos, la parte más culta de Mesoamérica. Se le ha llegado a considerar la Atenas de Anáhuac, un término que en lo personal no me gusta.

Texcoco tenía su propia fisonomía y un carácter propio como la ciudad más culta y más adelantada de la época prehispánica y aun después. Porque Cortés, que llega a Texcoco en 1519, tuvo a la ciudad como su asiento, realmente como su base. Aquí se construyó la primera iglesia, a la que llegó fray Pedro de Gante en 1523. Este franciscano extraordinario vino al Nuevo Mundo a enseñar latín, laudería, sastrería, bordados, tejido, carpintería. Por tanto, en Texcoco se fundó la primera escuela de América. Se dice que como fray Pedro de Gante era flamenco de origen no hablaba bien el español, pero aprendió náhuatl perfectamente bien, al grado de que escribió el Padre Nuestro en esta lengua.

Rey y poeta

Nezahualcóyotl fue estadista, poeta, arquitecto, un gran amante, un hombre muy estricto y muy bondadoso. Considerando las pocas referencias que nos quedaron en los códices, tomando en cuenta las características antropológicas de aquella época, creemos que era un hombre de aproximadamente 1.75 de estatura, moreno, fuerte, ya que manejaba el arco, la flecha, la macana, la rodela, los instrumentos de labranza. Es posible que haya tenido esas características físicas, no lo sabemos porque los códices nos hablan de la genealogía de Nezahualcóyotl, de sus gestas, pero no de su físico.

Además de todo eso, Nezahualcóyotl era monoteísta. Aquí hay una contradicción porque nos han enseñado que nuestro pueblo era politeísta e idólatra, al grado de que teníamos el ídolo de Tláloc, de Hécatl, que es el dios del viento, pero entre líneas se puede deducir que para él todas éstas eran la personificación de cada una de las cosas que dan vida a la naturaleza.

Nezahualcóyotl decía que su *tloque nahuaque*, al que él consideraba el dador de la vida, el de arriba, el de abajo, el de junto, el de al lado, el invisible, el impalpable, ése era su dios. Ese concepto se puede leer entre líneas en su poesía. Esa amplitud de criterio y conocimientos, esa energía, ese saber, esa bondad, esa sabia aplicación de las leyes, el haber tenido tantos hijos, tantas mujeres, pinta a un hombre en toda su complejidad y grandeza.

Un verso aglutina todo su pensamiento, todo el amor que sentía por lo que le rodeaba:

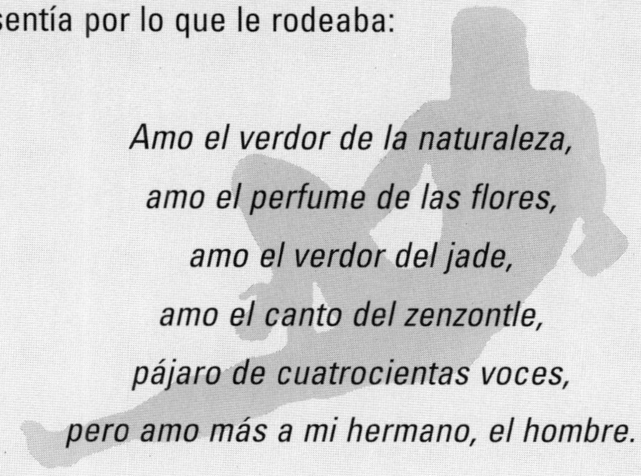

Amo el verdor de la naturaleza,
amo el perfume de las flores,
amo el verdor del jade,
amo el canto del zenzontle,
pájaro de cuatrocientas voces,
pero amo más a mi hermano, el hombre.

Nezahualcóyotl muy joven vio morir a su padre, Ixtlixóchitl, por lo que se forjó en el diario avatar para poder subsistir, ya que empezó a ser *tlatoani* en Texcoco en 1431, a los veintinueve años de edad. Para entonces ya era un hombre forjado en la lucha, en las lides políticas. Se nutrió de sus maestros, de la filosofía y del legado de Quetzalcóatl, de los toltecas, de los chichimecas, abrevó en muchas fuentes, y su inteligencia natural le dio esa fuerza para hacer tantas cosas: poeta, estadista, ingeniero, arquitecto y amante extraordinario: tuvo ciento diecinueve hijos y sesenta y tantas concubinas. Nació en 1402 y murió en 1472. Reinó durante cuarenta y tantos años.

SERPIENTES QUE ASPIRAN A LLEGAR AL CIELO

CENTRO CEREMONIAL OTOMÍ

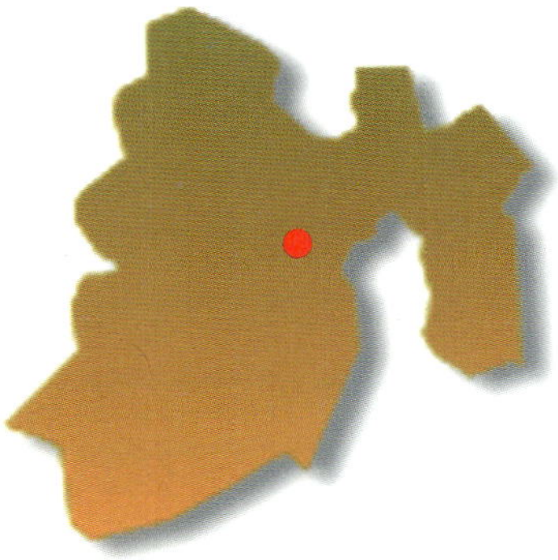

VINIENDO POR la carretera de Temoaya, desde muy lejos se alcanza a ver una insólita construcción, allá entre los cerros. Cuando ya se está frente a ella el espectáculo es impactante: pareciera que el cerro desgajado se va a venir encima. Todo es monumental, empezando por la escalinata de piedra gris que es tan alta como ancha. Una inmensa estatua humana sostenida únicamente en una pierna, el "Mensajero del fuego", realizada por el escultor Gastón González, custodia la parte alta del Centro Ceremonial

Otomí. Cuando se accede a la gran plaza circular, la visión humana no alcanza los mínimos 180 grados que apenas bastarían para que la pupila captara la mitad del escenario. Los expertos opinan que se construyó siguiendo el criterio de los grandes centros ceremoniales de la cultura tolteca, con su cosmovisión.

Incluyendo el bosque que lo rodea, el Centro Ceremonial Otomí se asienta en una vasta extensión de 50 hectáreas. La piedra de ornato que cubre su inmensa mole es cantera rosa proveniente del valle de Toluca. Alrededor de la plaza se aprecian cincuenta y dos columnas que semejan dos serpientes entrelazadas elevándose al cielo; en realidad son pebeteros anclados en el suelo que simbolizan los cincuenta y dos años del siglo prehispánico. El graderío de forma semicircular da lugar a que se piense en un estadio entre romano y olímpico, frente al cual está lo que debe ser el presídium, también de piedra, para representar el lugar destinado a las autoridades.

En el suelo de la gran plaza hay un gigantesco dibujo realzado en pequeñas piedras de diferentes colores que forman un sagitario, el que se transforma en un diseño de vectores que se entrecruzan en un círculo. Éste era el símbolo preferido del ex gobernador Jorge Jiménez Cantú –impulsor de semejante construcción– que, dicen, aspira a devolver la dignidad a la etnia otomí.

En ese sitio, cada segundo domingo de cada mes se lleva a cabo una ceremonia en la que se hace una ofrenda al sol, sin excluir la gran celebración al astro rey todos los 18 de marzo.

◀ Vista panorámica del Centro Ceremonial Otomí.

Bernardo Segura

Cuando niño soñaba con ser alguien reconocido y mis padres lejos de evitarlo, me lo posibilitaron. Hasta 1991 tuve la fortuna de recibir el apoyo del entonces presidente municipal de San Mateo Atenco con una beca deportiva de 200 pesos mensuales, más simbólica que efectiva, pero me permitió ingresar al programa de Atletas de Alto Rendimiento e incluso pude venir a entrenarme aquí al CCO con todas las facilidades que esto tiene.

En 1992, Raúl González, presidente de la CONADE, me ayudó en mi carrera en muchos sentidos. Ello me permitió ganar una medalla olímpica en los recientes juegos olímpicos de Atlanta. En lo personal, espero participar en el Campeonato Mundial de Atletismo, la Copa Mundial de Caminata, colocarme entre los cinco primeros del mundo y llegar a la Olimpiada de Sidney para volver a honrar a México.

Margarita de la Vega Lázaro

Nací en Molino Arriba y pertenezco a la cultura otomí. Toda mi existencia ha estado dedicada –como he podido– a honrar y a tratar de preservar la cultura de mis ancestros. Para ello mucho me ha servido hablar el náhuatl y el tlahical, que es una lengua perteneciente a la familia otomí Entiendo bien el mazahua y un poco de la lengua comercial y técnica que es el inglés.

Al principio se creyó que este centro era un exceso, pero hoy en día no podemos decir lo mismo porque de alguna manera se logró el objetivo para el que fue construido. Antes, y por el sistema en que estamos inmersos, la gente otomí se avergonzaba de su propia etnia. Esto se acentuaba porque la educación pretendía incorporar sin más a los otomíes a la cultura dominante y que olvidaran su lengua para aprender el español. Este centro ha sido una reivindicación. Ha sido una labor de concientización que llevaron a cabo las autoridades pues nos ha permitido revalorar nuestras costumbres, tradiciones y lengua. Es así como nos hemos podido manifestar a través de la danza, la música, las artesanías, las fiestas, en los treinta y siete municipios en donde se habla el

otomí. En ese sentido, son muchas las comunidades que vienen a realizar actividades como encuentros musicales, conferencias, seminarios de estudio, encuentros de tradición oral. Otras veces, las instituciones, sean o no del gobierno, que tienen trabajo y metas trazadas en las comunidades indígenas realizan grandes concentraciones en este lugar que, a pesar de que es enorme, se llena; cuando se trata de concentraciones pequeñas, se hace uso del salón del consejo o del auditorio que está abajo. Queda claro que no es una construcción extravagante ni fuera de lo funcional. Es, antes que cualquier otra cosa, un reconocimiento a la cultura otomí.

En este centro están simbolizados los siete colores del arcoiris, los siete días de la semana, las siete notas musicales y con ello el trazo de una visión global que sigue siendo actual en estos tiempos en los que se habla tanto de modernización. Ello nos muestra la adaptabilidad y los horizontes de gran alcance que han tenido las etnias mexiquenses.

Alfredo García Cruz

Aquí, al amparo del Centro de nosotros los otomíes, nos hemos reunido los compañeros y nos organizamos para hacer este trabajo. Nos vimos varias veces y en la desgracia a mí me tocó estar como presidente. Ya llevamos cerca de cinco años en esto. Tuvimos que buscar el terreno donde se podían hacer los estanques; lo limpiamos; investigamos y recolectamos las piedras para hacer una canalización de 150 metros que viene con agua del arroyo.

En el año que pasó, sembramos casi 35 mil truchas y este año otras tantas. Los huevecillos los compramos al Canadá; los incubamos tres meses en una pequeña incubadora que es una cajita especial para los huevecillos –que tienen que ser para la producción. No todos los son. Todos tomamos un curso de un año para saber cómo criar y preparar las truchas. Nos apoyó pesca federal. Tenemos la inspiración del Centro Ceremonial Otomí que es muy grande, muy majestuoso, pero nos falta agua. Hay poca y nos la quieren quitar.

La trucha va por medida, no pueden estar en el mismo lugar revueltas, y según van creciendo las vamos pasando a otro estanque. Hay que seleccionar la trucha y cada talla debe estar en su estanque que le corresponde. Tardan como un año para crecer 25 centímetros, que es cuando ya están buenas para la venta, aunque no tenemos mercado porque no tenemos cómo sacarla. Nos falta el camión con oxígeno para transportar la trucha viva que así se vende. Llegan a las ciudades y de ahí a los restaurantes, pero a nosotros todavía no. Aquí viene la gente los sábados y sobre todo los domingos. Se comen dos o tres truchas cada quien y la saborean bien. Algunas personas ya saben que aquí las vendemos. La granja se llama *Boxanga*, que quiere decir “lagartija negra”. Ese nombre nos gustó porque fue el primer hombre que existió en Jiquipilco el Viejo. Podrá parecer feo el nombre pero es el tatarabuelo de los otomíes.

Tenemos muchos proyectos pero no hay ni encontramos recursos. Hemos pensado en poner aquí un restaurante para que venga la gente, coma y se lleve trucha. Pero se necesita dinero que no tenemos ni los bancos prestan, y pues así no vamos a poder salir adelante.

El agua que viene en el arroyo es poca y allá arriba en lugar de ayudarnos están quite y quite el agua: luego vienen las amenazas y las barreras para que avancemos. Ya ni sabemos qué pensar ni qué hacer. Nosotros queremos progresar, tenemos muchas ganas de ir hacia adelante.

No sé Hablar en Inglés

Villa de Allende

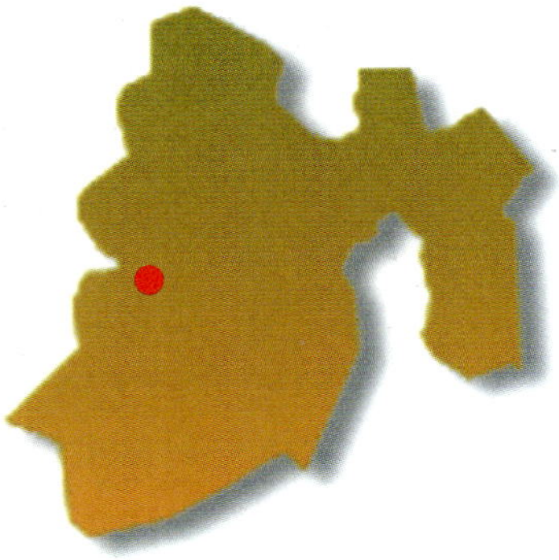

Sale del panteón junto con veinticinco o treinta personas. Todos clavan la vista en el suelo y sólo los niños que los acompañan tienen el ánimo de andar corriendo. En San Felipe Santiago, en el municipio de Villa de Allende, no hay agencia funeraria. Al niño lo velaron en casa de Sofía durante toda la noche y ya como a las doce del otro día lo llevaron a enterrar. Lo hicieron sin el señor cura pues estaba enfermo y no pudo acompañarlos. Sofía trae las manos ocupadas con cirios y velas o lo que queda de ellos. Sus ropas gastadas están salpicadas de lodo pues ayudó a cavar la fosa de su sobrino. Eufrasia, su amiga de ochenta años, que no deja de sonreír, no se le despega un momento. Las dos visten blusas de colores que un día han de haber sido muy llamativos lo mismo que todas las otras mujeres que forma-

Soy Sofía, mi esposo se llama Félix Calixto, y aunque tenemos problemas nunca nos hemos dejado.

"Bordamos cojines, carpetas, camisas, morrales..."

ban parte del cortejo y que al salir del entierro se dispersan por el pueblo.

Como fantasmas, van desapareciendo por las calles sin pavimentar. A pesar de que no hay nubes, un viento frío hace aparecer el día como invernal y las mujeres, en un acto reflejo, una y otra vez se enrollan en sus rebozos, suéteres o saquitos de franela.

Los hombres se ponen de acuerdo. Unos comprarán el licor y otros harán una fogata. El velorio después del entierro debe continuar. Los deudos no pueden quedarse solos ya que los muertos en el cementerio se acompañan entre ellos. Se establece la cita, y desde abajo de los sombreros se pueden adivinar las tristes miradas.

Sofía, conocida por su aguda y despierta inteligencia, habla con determinación y, a veces, hasta con elegante ironía:

Tengo cuarenta y cinco años. Bordamos las camisas petenadas y los cojines, los manteles y también hago carpetas, cojines, morrales y fajas. No tenemos mercado en dónde vender, y lo poco que he conseguido ha sido muy difícil. Como está la caseta del teléfono son ellos los que venden las cosas porque a mí nunca me avisan. He salido, ando en las oficinas en México, Toluca, Puebla, Zitácuaro, Villa de Allende, Donato Guerra, Valle de Bravo. Me he ido a Guanajuato pero a las puras oficinas. No tengo hijos, pero tengo sobrinas en mi casa. Ahorita se murió un niño de mi cuñado, venimos del panteón; tenía como cinco años. Se murió porque nació inválido. Aquí la gente está muy débil, o tuvo algún espanto su mamá, por eso estuvo enfermo desde su nacimiento.

Aquí nací en este pueblo y aquí he vivido todo el tiempo. No me gusta irme a la ciudad de México porque la siento más dura, porque allá todo es de compra y aquí puedo sembrar maíz, frijol, habas y verdura para comer, y lo que es en México es puro comprar.

A veces voy una o dos veces a la semana. Voy a vender mis costuras. A veces voy a dejar una colcha, morrales, cojines. O me encargan unos chalecos de lana bordados. A veces son morrales o gabanes los que me encargan y los voy a entregar. Soy casada. Sólo he tenido un marido pero pienso tener otros dos más (risas). Mi esposo se llama Felipe Calixto, y aunque tenemos problemas nunca nos hemos dejado: ni él a mí ni yo a él. Tengo veinticuatro años de casada y no hemos tenido hijos porque él está enfermo. No puede engendrar hijos.

Me gusta hablar el mazahua porque con ese idioma valgo más. Yo no sé hablar en inglés, pero si los turistas me dicen algo en inglés, yo contesto en mazahua, así que ni ellos me entienden pero tampoco yo. Creo que no me pueden humillar porque sé dos lenguas. En mazahua les digo bienvenidos y los saludo.

Yo no fui a la escuela, ya aprendí de grande pero nunca me he dejado que me humillen. Ellos han de pensar que uno no conoce otra lengua, pero ya sabiendo esa lengua claro que dicen que ni le entiendo ni me entiende.

Estoy orgullosa de ser mazahua porque mis padres y mis abuelos fueron mazahuas. Cuando fui regidora nos entendíamos en mazahua y le pasábamos el recado al síndico, y éramos tres personas y ya no decidía el síndico lo que decían los demás. Y ya ellos nos platicaban lo que era ese recado. Pero el otro compañero sí sabe hablar en mazahua y sabe escribirlo y él les decía y les escribía en mazahua y el síndico ya entendía qué decíamos.

Mi abuelito y mi tía y mi abuelita hablaban bien el mazahua. Mi abuelito era blanco. Yo no sé de dónde venía. De nueve personas somos cuatro blancos y cuatro morenitos. Todos viven aquí. Uno vive en Estados Unidos y otro en Toluca. El que vive en Estados Unidos trabaja la carpintería y albañilería; eso trabaja allá; ya tiene dieciocho años en Estados Unidos.

¿Donde consiguen las telas tan vistosas para sus vestidos?

Compramos estas telas en Toluca. Pero ya no había, ya se habían acabado. Pero como a nosotros nos gustan tanto estos trajes y estos colores, insistimos para que hubiera otra vez, aunque ya no es igual a la que hubo anteriormente, que era floreada, pero sí salió otra vez. Salió un poco mal pero la seguimos comprando porque aquí en las fiestas regionales nos vestimos todas de estos colores: a algunas les gusta el naranja, a otras el azul, a otras el rosa, el verde, el blanco. A mucha gente le gustan los colores encendidos y a otros los colores bajitos. Estos son los colores que necesitamos porque somos mazahuas y utilizamos estos colores en toda la región mazahua.

¿Qué lleva a las mujeres mazahuas a la ciudad de México a vender cosas?

Lo que nos lleva a la ciudad de México es ir a vender o a sufrir por las necesidades que tenemos aquí en la comunidad. Tenemos muchas necesidades porque, por ejemplo, aquí sembramos maíz y frijol. Sufrimos bastante para sembrar esto pero se da hasta el año. Y cuando ya lo vendemos en las fiestas que es en diciembre, lo vendemos por la necesidad, para comprar ropa, para hacer alguna fiesta y entonces nos pagan el maíz muy barato, por eso salimos a la ciudad de México para comprar otra vez lo que necesitamos, como la comida. Muchas señoras me ayudan a bordar y yo salgo a vender. Ellas necesitan ese dinero para sus niños, para la escuela o para lo que van a comer, por ejemplo un kilo de frijol o algo para la cocina. Ellas, como tienen a sus niños, no pueden salir a vender.

¿Las maltratan en la ciudad?

Pues sí, en el metro a muchas compañeras mazahuas y a mí no nos dejan pasar. Pero yo siempre he peleado con los policías aunque me digan lo que quieran, pero yo les digo que francamente yo voy a pasar porque yo no tengo dinero para irme a San Lázaro, o irme a Taxqueña, a otras tiendas por allá o por la Cámara de Diputados.

Entonces me tengo que ir en el metro porque no tengo dinero para irme en el taxi. A veces los policías me dicen: "No vas a pasar", y yo les contesto "A que sí voy a pasar porque no tengo para pagar un taxi. Si lo tuviera no me pasaría en el metro". Les digo que las amenazas no me hacen nada y aviento una de las bolsas que llevo cargando para adelante y me paso. Me dicen que soy bruta, y les contesto que sí soy bruta que por eso me paso. Otras señoras, que me dan lástima, que son de San Simón, traen a sus niños. No las dejan pasar con sus bultos. Yo les digo que se pasen, que no les tengan miedo a los policías. Cómo a los rateros sí los dejan pasar y nada más se quedan viendo cómo roban y no les dicen nada. Y a uno que va con la necesidad de ir a vender para llevarse a su casa lo que uno necesita, lo tratan así. Los policías no deben tratar así a la gente porque estoy segura de que tratan así a todo el mundo.

Rituales Secretos

Malinalco

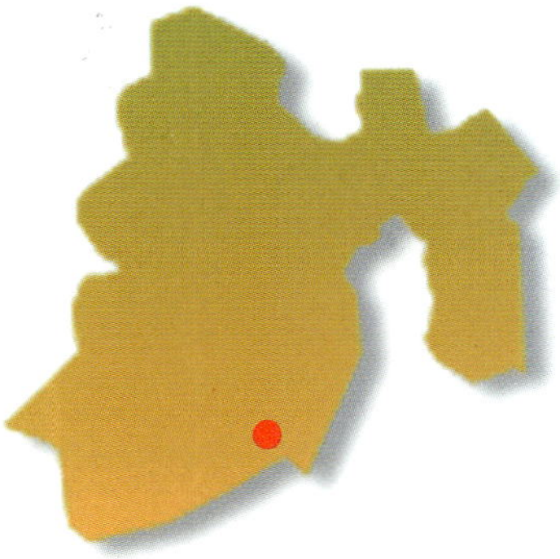

Predominan las águilas y los jaguares, además de una tercera presencia que aquí cobra una importancia fundamental: la serpiente. Los guerreros de probada valentía que se iniciaban, ataviados para la ceremonia subían con lentitud los trece escalones tallados en la roca. Se detenían unos instantes para aprisionar el sol en sus pupilas y con majestad penetraban al interior. El espacio sagrado, iluminado tenuemente por antorchas bajas, semejante a una matriz había de transformar al hombre bravo pero común en guerrero águila o tigre por medio de un ritual secreto.

El rito mudaba así al individuo mortal confiriéndole un rango semejante al de los dioses, único dentro de la nobleza mexica.

Entrada al templo

Códice de Techialoyan.

Ser guerrero de Huitzilopochtli o de Tezcatlipoca –águila y tigre– estaba reservado a aquellos que por cuna, por sobresalir en la severa educación del *calmecac*, o por haber capturado doce prisioneros de guerra podían y merecían alcanzar ese altísimo honor. Para eso y por eso el sitio de Malinalco había sido creado. Éste se localiza a 110 kilómetros al suroeste de la ciudad de México, a más de 100 metros de altura sobre la población actual, en la parte media de un macizo montañoso. Allá en lo alto y tallado en la roca hay un conjunto de edificios que le dan al lugar un perfil característico. En sus últimos momentos, y durante el gobierno de los *tlatoanis* mexicas Ahuizotl y Moctezuma II es cuando el sitio adquiere su esencia y significación.

En este sitio fueron tallados directamente sobre la roca una serie de estructuras y basamentos piramidales que constituyen una innovación en las técnicas arquitectónicas usadas por los antiguos mexicanos. El otro sitio es Tejutzingo, perteneciente al señorío de Texcoco que Nezahualcóyotl mandó labrar.

Malinalco es un sitio tallado durante el último periodo de ocupación prehispánica en Mesoamérica, antes de la llegada de los españoles. La construcción data de finales del siglo XV o principios del XVI.

De hecho, la conquista española sorprende a los antiguos labradores de piedra en el sitio tallando uno de los basamentos que se encuentran a la

Rubén Nieto Hernández.

entrada el cual quedó inconcluso. La técnica que utilizaron es muy interesante; en náhuatl eran llamados *tetlepanque*, que significa "labradores de piedra". Esa orden era tan importante que en algunas representaciones de códices aparecen tallando las esculturas de algunos de los principales dirigentes mexicas.

Aquí se combinaron dos técnicas: una que era muy conocida desde etapas tempranas del desarrollo mesoamericano que es el trabajo de mampostería que consiste en pegar piedra y lodo, aunque algunas veces se utiliza cal, y la otra que es tallar directamente sobre la piedra. De este modo elaboraron el sitio monolítico, término que hace referencia a un trabajo realizado sobre un solo bloque de roca. Lo que hicieron los artistas en este caso fue tallar el cerro mismo. Se trata de una roca de tipo sedimentario. Utilizaron unas hachas de piedra muy dura, sandecita, con la que fueron ahuecando el cerro hasta darle la forma que actualmente tiene. Si se observa con detenimiento se podrá ver que en el templo no hubo fallas ya que cualquier escultura defectuosa hubiera provocado desprendimientos de fragmentos que no se presentan.

Otras zonas arqueológicas monolíticas que existen en el mundo son Petra, en Jordania; Dabra-Damo, en Etiopía; Mai-Chi-San, en China; el valle de Asuán y los templos del rey Ramsés II y de la reina Nofrerati en Egipto.

La toponimia significa "lugar donde crece el *mallinali* (zacate del carbonero); este es un lugar mítico donde Huitzilopochtli da muerte a la Coyolxahuqui o Malinalxóchitl.

En otro orden de cosas, el sitio posee un lugar estratégico que les permitía controlar el flujo de productos y mercancías que iban de tierra caliente (del Pacífico) al centro de México. No es difícil pensar que Malinalco, al mismo tiempo que era el lugar seleccionado para iniciar a los caballeros águila y tigre, fuese también un retén o garita militar.

Desde donde se posan las águilas,
desde donde se yerguen los tigres,
el sol es invocado.
Como un escudo que baja,
así se va poniendo el sol,
en México está cayendo la noche,
la guerra merodea por todas partes,
¡oh, dador de la vida!
Se acerca la guerra.
Orgullosa de sí misma,
se levanta la ciudad de México-Tenochtitlan.
Aquí nadie teme la muerte en la guerra.
Ésta es nuestra gloria.
Éste es tu mandato.
¡Oh, dador de la vida!
Tenedlo presente, oh, príncipe, no lo olvidéis.
¿Quién podrá sitiar a Tenochtitlan?
¿Quién podrá conmover los cimientos del cielo?

Poema náhuatl

EL ÓPALO

Conoce los colores, los aplica, sombrea;
dibuja los pies, las caras, traza las sombras;
logra un perfecto acabado.
Todos los colores aplica a las cosas;
como si fuera un tolteca;
pinta los colores de todas las flores.

Informantes indígenas de Sahagún.
Códice Matritense del Real Palacio.

San Miguel Arcángel no puede Faltar

Metepec

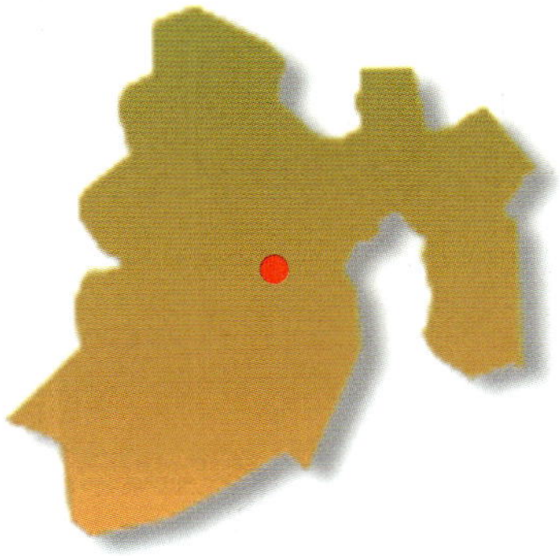

Sus palmas van de un lado a otro. Mientras que con la izquierda sostiene parte de la estructura, con la derecha recorre el torrente de barro en todos sentidos; de abajo hacia arriba. Tú lo puedes ver, se detiene en un borde, lo modela y le hace nacer una rama, un caracol o un animal anfibio. Sus expertas manos morenas se deleitan en sobar, pellizcar, aplanar y jalar una masa que recuerda a la Biblia cuando te cuenta la forma en que Dios se dio a la tarea de crear el mundo.

Alfonso Soteno.

La imaginación se despliega sobre una mezcla de tierra y agua a veces color café, otras, amarilla y arenosa. De la nada empieza a tomar forma y en menos de que te lo cuento, enfrente de ti ya está un toro entero, un

sol que abraza a la luna o una carroza llena de frutas y sombrerudos. Un ave grandota, con pico y garras, vuela y se detiene en un árbol del que brota todo. Ahí están Adán y Eva, la serpiente, una manzana roja y luego le siguen muchos caballos, vacas, ángeles, serafines, niños con los cachetes chapeados, flores encendidas, casas enteras, pozos de agua, cerros y lagunas. La vida entera.

Casi no despega la vista de los colores. El color de su retina pasa a las manos y de ahí surgen los ríos y los valles; las montañas y los templos.

Poesía en barro.

Cuando habla lo hace quedito y pronunciando bien cada palabra, con respeto y mesura. Se llama Alfonso Soteno Fernández y cuenta que la tradición le viene de su madre y a ella le nació de su padre y, a éste, se la inculcó su abuelo el cual hizo su primera cazuela de barro bajo la estricta vigilancia de su tío. Por sus venas corre sangre pero los médicos de Metepec dicen que también barro y, casi seguro con tierra de Ocotitlán que es la buena para que la arcilla sea dócil y sensual como mujer.

Alfonso Soteno te jura y perjura que en su familia no se sabe hacer otra cosa que la alfarería. Le viene de tan lejos que nadie se acuerda de que hayan podido hacer nada más. Las paredes de su casa y de su taller están llenas de estrellas, soles y palomas. Sus muebles rebosan casitas con techo de dos aguas, mazorcas, ángeles regordetes y cabezas de toros con largos cuernos. No hay espacios vacíos porque cuando algo se retira, rápidamente una calavera o un santo barbón toman su lugar. Aquí y allá; en los estantes y sobre las mesas; arriba en la terraza; sobre los barandales o adentro del horno te asaltan las figuras siempre simétricas de los que alguien bautizó con el nombre de árbol de la vida.

Aquí en Metepec hay muchos artesanos, pero nosotros en la familia Soteno nos sentimos orgullosos de haber dado muchas ideas para que nuestro pueblo sea conocido por su alfarería en el resto del país y en algu-

nas partes del mundo. Cuando se empezó a dar a conocer nuestro sello, es decir, el árbol de la vida, no era más que un palo con manzanas y unas cuantas hojitas que tenían a un lado a Adán y a Eva. Con el tiempo lo hemos venido enriqueciendo hasta llegar al punto en que también hemos llegado a hacer el árbol de la muerte. Y es que están entrelazados: sin uno no hay otro. Se vive y al final está lo inevitable, y a la inversa, cuando no se existe, pues se da la posibilidad de nacer y vivir.

La pieza más grande que he realizado midió siete metros de altura. Fue para un concurso de cerámica en el que me pidieron hacer el árbol de la vida más importante que se haya hecho. Este trabajo se llevó a Los Pinos en donde obtuvo la bendición del poder más grande; luego se exhibió en muchos otros lugares y ahora se encuentra en el Museo de las Culturas Populares en la ciudad de México.

Aunque no lo creas, es muy difícil determinar con exactitud cuándo comienza a conocerse la alfarería de Metepec, la que está clasificada como una de las dos o tres principales del país. Si nos arriesgamos con las fechas, se podría decir que fue alrededor de los cuarenta cuando se da una transformación y de un pueblo cazuelero se convierte en una comunidad marcada por la creatividad artesanal, que hizo decir al poeta Carlos Pellicer lo siguiente:

Las piedras más duras se ablandan entre sus dedos.
El barro se trabaja conversando porque las palabras salen de las manos.
La cerámica, la juguetería, asombran a propios y también a extraños.

San Miguel Arcángel juega un papel decisivo –aquí no importa quién es el artesano–, no puede faltar. Lo puedes palpar en cualesquiera de los árboles tradicionales; incluso pueden faltar la serpiente, Eva y su inseparable Adán, o hasta las manzanas, pero el gran ángel siempre está presente espada en mano luchando en forma permanente contra el mal. Y puede que en este punto la tradición, que baja de modo vertical, tenga un quiebre y se extienda ahora en forma horizontal pues como los Soteno, también al arcángel lo esculpen con asombrosa frecuencia los Ruiz González, los Saldívar Piña, los Colín Jiménez o los Rivera.

La artesanía en Metepec es una sana epidemia.

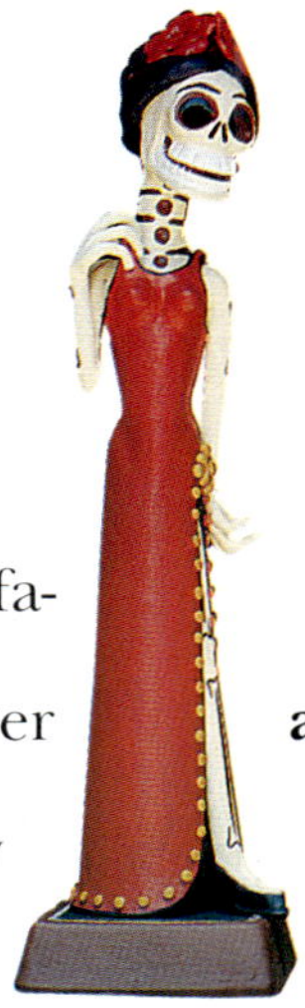

Cualquier casa de Metepec alberga un taller.

Otra de las composiciones favoritas de los artesanos que puedes ver en Metepec son los soles, las lunas y los eclipses. Se hacen todo tipo de versiones: desde las más chiquitas y sin pintar, sólo en barro cocido, hasta las grandotas multicolores y cargadas de ornamentos. La luna –porque seguramente tiene hechizados a los artesanos– aparece inevitablemente sonriendo y coqueta, ya redonda o menguante. Por su parte, el sol puede ser rojo, amarillo y poderoso, o chiquitín y desaliñado. Algunas veces se encuentran monjas coronadas, con hábitos sencillos en blanco y negro, y las hay hasta sonrientes y de piernas bien torneadas. Es raro, pero no tanto, encontrar algunas figurillas eróticas o de mal disimulada sensualidad, y en ocasiones –si se tiene suerte– hasta pegasos y unicornios se pueden ver junto a palomas, gallos, becerros y güilos.

Además de árboles he creado el arca de Noé que es una variante de éstos; de hecho, ésta es en cierta forma lo que he venido haciendo hasta completar veintiocho árboles de la vida diferentes. No soy lo que se llamaría un ser religioso, pero de las Escrituras a uno se le despiertan muchas ideas que luego, no sé ni cómo, brotan por las manos.

Tengo dos hijos: Óscar y Juan José. Este último ya tiene su profesión y Óscar es quien va a seguir la tradición de alfarero. A mí me sorprendió que al salir de la prepa me dijera que estaba conmigo en esta aventura. Y empezó desde abajo: levantarse muy temprano para buscar la tierra, moler el barro... Todo eso lo ha hecho y pasó la prueba. Me refiero a un concurso nacional que hubo en Querétaro y que ganó. Estoy muy orgulloso de él pues hace diseños muy especiales. Lo han entrevistado

¡San Miguel Arcángel no puede faltar!

para varias revistas y con satisfacción he visto que otros alfareros ya lo copian e imitan.

Es probable que buena parte de nuestro éxito radique en el barro; la materia prima la obtengo en Ocotitlán. Ahí lo selecciono y una vez que está en el taller rompemos los grandes terrones, lo asoleamos y molemos con un rodillo muy pesado. Una vez molido se le arnea, o sea, se cierne con una tela de alambre muy fina para que quede como polvo o harina. Así se le aplica el agua y después la flor de tule que es la plumilla. Ésa solamente se da en algunas lagunas que ya están secándose. Una vez hecho esto, se amasa y se bate teniendo muy, pero muy en cuenta que la plumilla es lo que va a darle la consistencia que busco en el barro.

Gracias a mi trabajo he podido conocer grandes personalidades como presidentes de las República, gobernadores, artistas. Pero guardo un

De sus manos brotan pájaros, flores, soles, conchas...

recuerdo muy hondo y grato de la ocasión en que tuve la suerte de conocer al maestro y poeta Carlos Pellicer cuando llevé mi árbol a Los Pinos. Él me dijo esto: "Ni volviendo a nacer haría una pieza tan majestuosa y espléndida como la que hoy nos engalana". A mi vez respondí que "ni volviendo a nacer y por mucho que estudiara, nunca sabría ni la mitad de lo que nos ha enseñado."

Ahí me di cuenta de que nosotros, en Metepec, hemos tenido la buena oportunidad de vivir con un trabajo que no ofrece grandes cantidades de dinero pero sí muchas satisfacciones, especialmente la hoy tan rara de vivir con el orgullo de lo que sale de nuestras propias manos. Aquí radica mi gusto y mi dignidad.

Adrián Ruiz González

¿Por qué hace usted tantos ángeles de barro?

Primero porque la vida no sería posible sin ellos. Casi nada les es ajeno. Están en todas partes y cuando no pueden estar, envían a los querubines para que los representen. Además, en segunda, son muy solicitados. A la gente les encantan.

Y también trabaja usted mucho las calaveras.

Bueno, en otros países no las aprecian. Nosotros sí. Las hacemos de dulce, cartón, madera y también de barro. Cuando estuve en Estados Unidos, me puse a hacer una calavera con su guitarra y el intérprete me dijo que no continuara porque allá les tienen pavor. Pero una vez que estuvo terminada les gustó mucho. Luego me seguí y les hice docenas.

¿Le parece que las imágenes que plasman ustedes los artesanos de Metepec en los árboles de la vida tienen un sentimiento religioso?

Desde luego que sí. Esas imágenes las sacamos de las sagradas estampas, y aunque no son para iglesias a los particulares les gustan mucho ese tipo de temas.

Por ejemplo, a mi hija, al cumplir quince años de edad le prometí que le haría una cabecera y me pidió que fuera de algo relacionado con Dios. Le regalé el paraíso. Nosotros somos nueve: mi esposa y mis hijos de nombres Miguel Ángel, Adán, Eva, Miriam, Iván, Ivonne, Ariadna y yo.

Hasta donde alcanzo a ver, el iniciador del árbol de la vida fue mi pariente Timoteo González, que empezó con un arbolito y dos muñequitos a los lados; era muy sencillo. No era tan elaborado como ahora. Ese trabajo se lo pidió un extranjero que dijo que quería un árbol como el que estaba pintado en la cúpula de Santo Domingo en Oaxaca. Los Soteno dicen que fueron ellos los iniciadores. Yo creo fue mi tío, pero ahora ya son muchos los alfareros que los hacen.

La ilusión de mi vida es hacer una Última Cena pero va a ser distinta de todas las demás. A Dios Nuestro Señor, que va a estar en el centro, lo voy a hacer volteando a la derecha. A Judas lo voy a poner de pie entre las sombras y otro apóstol –que todavía no decido cuál– va a ser la tercera figura destacada. Ésa es la idea, que sea diferente porque el equilibrio estará en quien vea desde afuera. Repito, gran parte de lo que somos y hacemos en Metepec tiene, aunque muchos no lo sepan, un hondo sentido religioso. Y eso también cuenta, ¿o no?

Mezcla de dos maneras de existir, los artesanos de aquí –como podrás comprobarlo si vienes– aparejan el ritmo nostálgico rural, que cada vez se adelgaza más, y la aspiración a la modernidad, la cual ve entorpecido su camino por la suerte de un país que tropieza constantemente y que, hechizado por la magia, vive mejor en sus árboles, soles y pegasos.

Todo gira alrededor de los colores

Cuautitlán

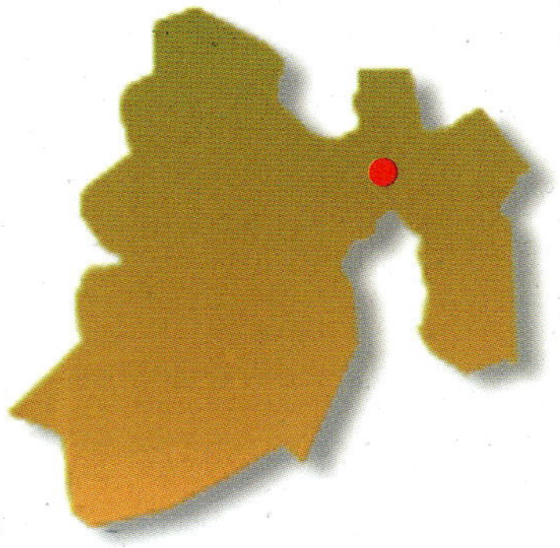

Nací en **San Mateo Iztacalco**, un pequeño pueblo ahora conurbado con Cuautitlán, el 2 de febrero de 1918. Pienso que nací con los colores porque desde muy pequeño me gustaron mucho.

Tengo detalles de mi infancia, desde los dos años, que se me quedaron muy grabados precisamente por los colores. Entre otros, una pequeña mesa adornada con flores, porque en los pueblos, cuando un niño muere, adornan una mesa chiquita y arriba colocan al muerto. En ese entonces yo no sabía que mi hermana había muerto pero me llamó mucho la atención. Y es mi más lejano recuerdo ver un mantel blanco con flores amarillas y por las flores creo que era otoño.

¿Y esta impresión se fue adentrando en usted?

Cuando era pequeño no tenía conciencia de ello. Ya cuando fui mayor me di cuenta de por qué retenía aquella escena, y supe que era precisamente por el color. No sabía que iba a ser pintor, era muy pequeño, pero desde entonces todo para mí giró alrededor de los colores. Recuerdo el bordado de mi abuela, los atardeceres; todo lo que se refería al color siempre me impactó mucho. Y claro, con el tiempo me fui dando cuenta de que quería ser pintor. Esto fue a los catorce o quince años. Pero antes, de niño, dibujaba después de la lluvia con un palo en el barro, en la tierra mojada por el agua.

¿En su casa se dan cuenta de que usted tiene esa vocación y lo estimulan o hay algún obstáculo?

Siempre encontré el apoyo de mis padres. Mi padre fue japonés y me abrió un mundo. Cuando niño me platicó sobre las gestas heroicas del Japón, la vida de los samurais, sobre los grandes poetas y pintores. Y mi madre, que era indígena, tuvo la suerte de vivir ocho años en Alemania. Ella visitó Alemania en el segundo decenio del siglo y conoció el París maravilloso de aquella época.

¿Cómo se conocen sus padres?

Mi padre se dirigía a Estados Unidos pero se conocen aquí y viven una vida maravillosa porque mi padre, siendo un samurai ya que estudió todas las artes marciales que en aquella época no se conocían aquí, empezó a vivir de lo que saben todos los japoneses: de plantas, flores y diseño de jardines. De eso vivía con muchas dificultades.

Pasaron juntos la Decena Trágica. Mi padre ya nunca volvió a su tierra. Quiso mucho a México pero nunca se nacionalizó –como todo japonés–, no porque no quisiera a este país sino porque era como una cuestión de lealtad del soldado japonés. Creo que tuvo una vida maravillosa. La hacienda en la que nací era de don Juan Asúnsolo; ahí trabajaba mi padre haciendo de todo. Fuimos cinco hermanos. Mi madre murió un mes antes de que cumpliera cien años y mi padre murió a los ochenta y cinco años. Provengo de una familia longeva.

¿En sus trabajos se ve reflejada su infancia?

En el amor por la naturaleza. A pesar de la edad que tengo me sigue maravillando. Me gusta cuando acaba de llover. Cuando era niño corría después de la lluvia por el campo, descalzo. Hoy quisiera hacerlo pero ya no es posible. Generalmente todos los domingos salgo al campo, me asoleo. He pintado cosas desde muy realistas hasta muy abstractas, e incluso en la época en que era supuestamente pintor abstracto

"El emperador del Japón me envió una condecoración."

nunca dejé de ir al campo. Me iba con mis compañeros paisajistas y yo me dedicaba a contemplarlo, a leer; nunca lo abandoné. Eso sí creo que se debe al hecho de haber nacido en un pueblo.

¿Qué escuelas o pintores han influido en usted?

Tuve grandes maestros, entre ellos Julio Castellanos, José Chávez Morado, Alfredo Zalce, pero el que me influenció más fue Francisco Goitia, y sin embargo no fue mi maestro sino mi amigo. Muchas tardes llegaba al estudio que yo tenía en San Carlos, en el centro, con su overol y su sombrero y me decía: "Luis, vengo a descansar". Se sentaba en una banca. Era hombre de pocas palabras. Platicaba un poco, descansaba y se iba. Me influenció su hondura para ver la naturaleza, para ver a la gente, todo eso me llenó mucho. Pienso que tengo mucha influencia de él.

¿Cuáles han sido en su carrera los mayores pesares?

No he tenido pesares grandes. He tenido obstáculos, como todo pintor, pero los he resuelto. Desde que me dediqué a esta profesión nunca soñé en ser rico o famoso. Solamente pensé en realizarme y esa posición me ha dado una gran fortaleza en la vida.

¿Es un hombre realizado?

No, porque tengo sueños que realizar, creo tener todavía algo que hacer.

¿Cuáles han sido sus grandes satisfacciones?

Cuando el emperador de Japón me envió una condecoración del tesoro sagrado. Es una de mis más grandes satisfacciones pero no por mí sino por mi padre, porque él siendo tan japonés se hubiera sentido feliz de que yo haya recibido ese reconocimiento.

¿Por qué lo obtuvo?

Por contribuir al mejoramiento de las relaciones culturales de los dos pueblos. Entre un amigo y yo fuimos los promotores de grandes exposiciones de pintores mexicanos en Japón. Mi amigo era un hombre muy culto y muy inteligente; el gobierno mexicano le otorgó en dos ocasiones el Águila Azteca. Mi esposa acaba de estar en Japón en un homenaje que se hizo en su honor.

Ha hablado de la influencia japonesa de su padre, ¿y la influencia de su madre?

Para los japoneses soy un pintor muy mexicano y para los mexicanos soy un pintor muy japonés. ¿Qué quiere decir esto? Que me manifiesto sin importarme si soy japonés o mexicano. Siempre he dicho que si hay atisbos en mi arte de algo japonés es más bien por el material. Pero eso sólo los críticos pueden decirlo.

Además de la influencia de los pintores mexicanos. ¿tiene influencia de pintores japoneses?

Adoro al pintor Hiroshigué; y hoy precisamente voy a iniciar una serie de tintas de paisajes sobre los volcanes, sobre papel japonés, con colores japoneses. Siendo niño conocí a Hiroshigué en una magna exposición que trajo el

El reposo del artista.

El maestro también pinta calabazas.

poeta mexicano José Juan Tablada y que presentó en Bellas Artes, ya que mi padre me llevaba a todos los eventos japoneses que había. Me quedé maravillado con su exposición. Tiene una serie de grabados sobre las cincuenta y tres vistas del volcán Fuji. Yo voy a iniciar una colección de dibujos que se va a llamar *Las cincuenta y tres vistas de mis volcanes*, como homenaje a Hiroshigué.

Quiero presentar esta exposición en Japón como un homenaje de un artista actual a un artista del siglo XIX. Esta colección de grabados del artista japonés influenció a los grandes grabadores, a todos los grandes artistas de Francia. El impresionismo tuvo mucha influencia de esta corriente japonesa.

¿La luz de México es una luz adecuada para la pintura?

Una de las grandes contribuciones de Velasco fue ahondar y perfilar nuestra nacionalidad, pero además él pintó como nadie la luz plateada de México. Él estudia con Landesio, el italiano, pero las obras de este artista tienen la luz dorada del Mediterráneo y Velasco es el primer gran pintor que pinta nuestra luz plateada. Hoy ha desaparecido esa luz en el valle por la contaminación pero en los días claros sigue habiendo una luz plateada bellísima.

¿A qué pintores admira?

A José María Velasco, como el gran paisajista, y a Hermenegildo Bustos, el pintor de Guanajuato, que fue otro de los pintores que perfilaron nuestra nacionalidad y que siendo de extracción muy humilde ha sido uno de los grandes pintores que ha habido en México. De los llamados tres grandes, el que más me gusta es Clemente Orozco; considero que la obra de David Alfaro Siqueiros es genuina. Tuve la suerte de ser su amigo en sus últimos años. Le interesaba mucho la técnica y yo soy maestro de técnica, cosa que nos unió mucho. Pero el gran pintor, no sólo de México sino del mundo es Clemente Orozco. No se le ha hecho mucha justicia pero basta ver el Hospicio Cabañas para comprender su genio. *El hombre envuelto en llamas* es una obra de la humanidad.

Hablaba usted de técnica que seguramente enseña a sus alumnos. ¿Entre ellos hay alguno que vaya a ser como usted?

Hay muchos que incluso me han superado como Mario Rivera, gran pintor mexicano. Hay muchos a quienes nombraría. Han tomado su camino y son muy buenos pintores con una preocupación por la técnica, de la que muchos jóvenes que no han pasado por la academia carecen.

¿Cree usted que el artista se hace o nace?

No se puede enseñar lo que es el arte. Se puede enseñar una artesanía pero no el arte. Todos comenzamos siendo artesanos si queremos ser grandes artistas.

A mí me gusta este trabajo

Temoaya

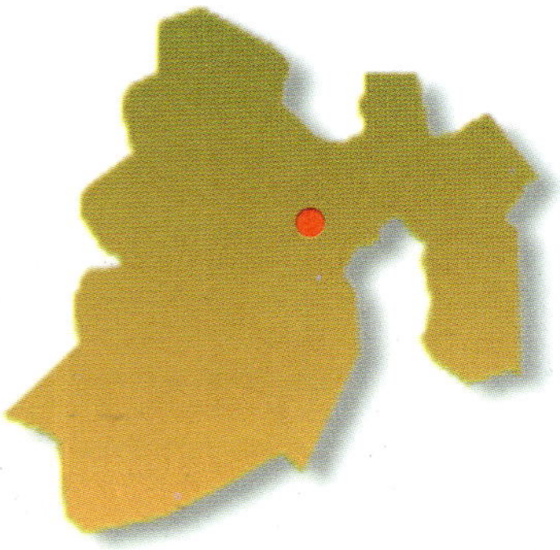

Dominga camina ligerito hacia su trabajo. Se va ladeando según le marca la vereda, y a veces hasta brincotea para sortear baches de agua y promontorios de hierba. Adelante va Juventina, su amiga, que tiene veinticinco años, uno más que ella. Las dos son solteras y debe ser por eso que a cada cinco pasos, con el menor pretexto, a las dos les gana la risa. Van hablando de todo y de nada; las dos llevan un morralito de colores al hombro y sus zapatos –de charol, negros y brillantes– son idénticos. Calzan del número tres y los compraron hace dos semanas a la salida de la feria que llegó a San Pedro de Arriba, en el municipio de Temoaya.

Las dos son otomíes y para llegar a Tapemex, donde laboran en los telares de los cuales saldrán unos tapetes que son ampliamente conocidos tanto en México como en muchas partes del mundo, cuando menos tienen que caminar unos cincuenta minutos. No importa que llueva o haga un sol muy fuerte; viento o frío. Los camiones no tienen horario y rara vez los pescan. Y cuando llegan a Temoaya todavía tienen que andar un buen trecho. El taller está en medio de calles que suben y para llegar hay que conocer la ubi-

Dominga, la tejedora de sueños.

cación pues no existe un sólo letrero que indique dónde se encuentra.

Adentro las espera una organización que varias veces se ha modificado y que, según sus dirigentes, ahora sí va en serio. Los espacios son amplios y ordenados; hay varias decenas de artesanos que, como Dominga y Juventina, se aprestan a sus diferentes tareas. Todos se mueven con la seguridad que da el saber hacia dónde ir y qué hacer cuando se llega. Las dos muchachas otomíes van derechito al telar. Se sientan una junto a la otra sin dejar de reír, ni siquiera cuando, con sorprendente habilidad, comienzan a tejer lo que será un enorme tapete de 3 por 4 metros y de presumible colorido.

A mí me gusta este trabajo, aclara Dominga, **y fue fácil porque Juventina me enseñó. Me sentaba aquí en el telar y ella me iba explicando cómo pasar el china y la trama. Le tomó cerca de diecisiete días mostrarme nudo por nudo. Hay que aprender primero, si no...** y una risita que se convierte en franca risotada interrumpe su improvisada explicación. **Yo traigo mi comida; otras veces como por aquí cerca en la hora que nos dan para hacerlo. No, ¿pus cómo voy a ser una experta? No, eso está para las maduras. El china es para meter bien los nudos, que queden firmes y seguros. Eso del casorio ni lo**

Y la vida pasa en el telar.

"Hemos logrado un buen control de calidad."

veo; los hombres son bien mulas y nada más están para hacer la vida muy difícil.... bueno a veces da gusto cuando son tiernos. Una larga risita da por concluida su intervención ya que en el taller donde están otros cinco telares, todas las demás mujeres se han contagiado del buen humor de Dominga.

El ingeniero Héctor Márquez, subdirector de producción, está presto a brindar la información necesaria:

Cada tapete es único por el tipo de habilidades que tienen las artesanas. No importa que el diseño del tapete sea igual a otro, la mano de obra siempre es diferente. Algunas de nuestras artesanas tejen más corto, otras más largo. No obstante, nosotros le damos la misma textura para que la densidad del tapete sea siempre de calidad inmejorable. Son únicos con la misma garantía.

El dibujo se hace en México. Es la rica y diversa cultura de la República plasmada en los diseños. En nuestro almacén tenemos los elementos necesarios que requiere el producto. La hilaza, por ejemplo, sirve para crear la urdimbre y la trama; los estambres son los llamados de lana Lincoln, lo mejor de Argentina. Evidentemente es un material muy caro, más ahora con tanta devaluación monetaria como hemos tenido. Este estambre es de tres cabos, quiere decir tres hilos y su grueso es del número 5, de enorme resistencia. Es pura lana importada.

"Evidentemente, es material muy caro."

Aclaro que los artesanos no son empleados de Tapemex; dependen de su propia cooperativa. Aquí los apoyamos, les damos los diseños, les facilitamos el estambre, se les brinda asesoría y luego, cuando han terminado el tapete, lo han rasurado, lavado y aprobado, se les paga.

En el diseño, para ser específico, se ven los colores, el tamaño y las variantes. Se les dan las indicaciones, las vueltas que lleva cada cartón, el número de nudos y nada queda a la improvisación. De hecho, hemos logrado un control de calidad desde el principio hasta el fin para que los compradores queden plenamente satisfechos puesto que cada tapete se ofrece con una garantía de veinte años de duración.

Arte milenario por pocas monedas

Este tipo de empresas fueron concebidas para dar empleo a una gran población marginada de diferentes partes del país, y se echaron a andar cuando el mercado mexicano permanecía cerrado a las importaciones y se aplicaba una política comercial que favorecía ampliamente a las empresas mexicanas con un claro proteccionismo económico. En sólo unos años el panorama cambió diametralmente con una economía abierta y sometida a las reglas de la globalización y de la creciente interdependencia comercial.

En el caso concreto de los tapetes, el nuevo horizonte económico se ha traducido en una serie de oportunidades para los tapetes orientales. Tan sólo en 1991 se abrieron catorce tiendas con esos productos, y en 1995 llegaban a treinta y dos sólo en el DF, Monterrey y Guadalajara. Pero no es nada más la política económica lo que ahora es adverso, también lo es la sobreoferta existente en el

mercado. Día a día, nuevas empresas de los países ricos se dan la tarea de comercializar los tapetes que produce la barata, baratísima mano de obra de países como China, Mongolia, India, Irán, Paquistán, Irak, Afganistán, Bangladesh, Nepal, así como la de los países caucásicos y turquestanos. Millones de seres humanos, entre los que se cuentan los niños de esos países, se incorporan a la fuerza de trabajo para obtener remuneraciones que apenas alcanzan para una ración de magros alimentos.

En la actualidad, los maestros persas, armenios, chinos e hindúes que por generaciones han transmitido la simbología y el misticismo de sus tapetes, ven cómo cerca de trescientos millones de brazos venden por escasas monedas su arte milenario y llegan incluso a modificar la técnica con el propósito de hacerlos más comerciales. En Nepal, por ejemplo, un nuevo estilo se aprecia en los tapetes. Sus centros son lisos y las cenefas profundas marcan una nueva moda derivada de la gestión extranjera. Los anudadores nepalíes trabajan bajo la supervisión alemana que se encarga de la comercialización, a precios muy bajos. Y aunque el mercado europeo está consciente de este fenómeno al punto de que los tapetes cuya calidad, diseño y colorido correspondan a sus orígenes históricos continúan siendo solicitados, esto no ocurre en el mercado de Estados Unidos. Este mercado que no está educado, consume todo tipo de tapetes y de manera preferencial los que se producen en forma masiva, industrial y que no tienen nada de artesanal.

De este modo, en los últimos catorce años el precio de los tapetes orientales ha bajado de precio, en tanto que, debido en buena parte a las devaluaciones del peso y a los insumos que se adquieren con dólares, los tapetes mexicanos han visto crecer relativa y comparativamente sus precio. Basta con observar las campañas publicitarias que realizan las tiendas que ofrecen tapetes orientales en los diarios nacionales. Sus ofertas son imbatibles y dejan fuera de la competencia a los productos de los artesanos otomíes de Temoaya. Y así será hasta que el mercado mexicano y foráneo sean tomados por las agencias comercializadoras de tapetes anudados a mano. Mientras, el precioso producto otomí seguirá como el camino de Dominga, un serpenteante destino.

Brillantes pero Peligrosas

Tultepec

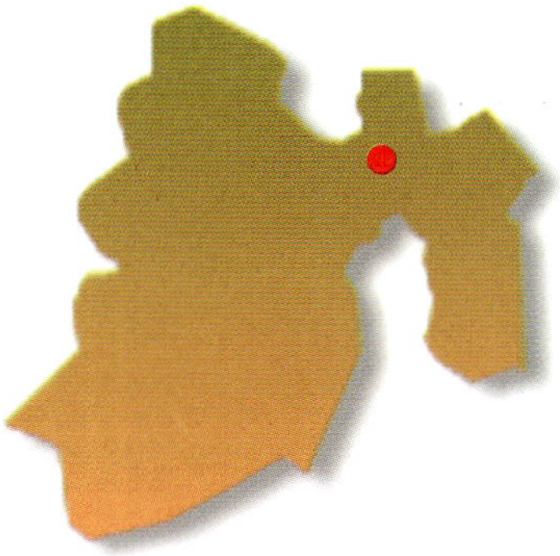

Era muy joven y esa llamada experiencia ni la conocía. El material le llegó de Alemania, y claro, como todo lo que viene de allá, debía de ser muy bueno, y contrariamente a su costumbre, no lo revisó. Comenzó a mezclar el azufre y a separar el fósforo; todo lo estaba haciendo de prisa. Ese día tenía muchos apuros y no había tiempo que perder. Puso manos a la obra pero algo le olió mal, y apenas se percataba de que el material estaba contaminado, cuando en el segundo movimiento.... le estalló. La mano derecha voló y de la izquierda dos dedos desaparecieron. La vida le cambió. Perdió el gusto por todo. Ni comía ni salía. Las burlas de algunos que nunca faltan le calaban muy hondo. Se sabía ya marcado por la pólvora. Sólo tenía un año de casado y sintió que la vida ya no tenía sentido; se quiso suicidar. El alcohol le daba falsos respiros. Su mujer, igualmente joven, no cesaba de animarlo. Manuel Reyes Solano pasó las de Caín: nada lo calentaba. Y en ese infierno duró un tiempo que él recuerda como negro y muy largo.

En esa época me ayudó muchísimo mi mujer. No sé de dónde sacaba tanto amor para tratar de reanimarme. Luego también otros familiares y amigos. Todo un año estuve bebiendo. Lo hacía a todas horas porque ya no quería recordar ni tampoco vivir el presente. Estaba manco y era justo de mis manos de lo que yo vivía. ¿Cómo iba a ser eso? A mi padre le había enseñado el oficio

Rudimentarios instrumentos para contener lo inesperado.

de cohetero mi abuelo y él me lo heredó. Ellos hacían la pólvora y no como yo que la había importado de Alemania. Ellos participaron en muchos concursos donde se aprende muchísimo pues se ve lo que hay en otros lugares, se traen libros, fórmulas. Y eso fue lo que finalmente me dio el empujón para seguir con mi trabajo y superar mi desgracia.

Manuel Reyes Solano, cohetero de Tultepec, se balancea de un pie al otro. Su cuerpo moreno y delgado contiene a un espíritu inquieto y a un aparato que emite respuestas rápidas donde la sonrisa aparece cada año bisiesto. Insiste en mostrarlo todo: su taller, las herramientas, su precario laboratorio, sus hijos, su mujer y, por sobre todo lo demás: su experiencia.

Tengo sesenta y nueve años de edad y cincuenta y seis años de cohetero. Después del accidente vinieron los éxitos, como si la vida quisiera darme una compensación. En Bélgica participaron veintiséis naciones en un gran concurso internacional. Fueron países tan importantes en la cohetería como China y Alemania. Sí, eran nada menos que veintiséis y México, bueno yo, quedamos en tercer lugar.

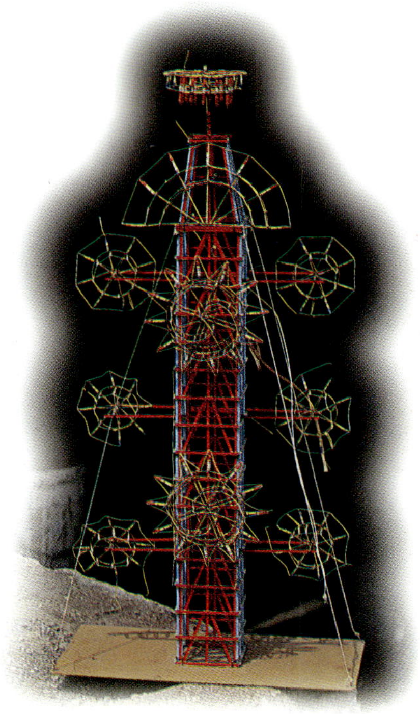

Fabricando la magia.

Primero fue España, Bélgica después. Bueno, muchos quedaron descalificados porque no cumplieron los requisitos. A México le pedían la tradición y presenté una bomba en tres tiempos sobre el tema del escudo nacional. También presenté una figura a la que bauticé como *La mariposa azteca*. Y con ésa gané.

Con ese triunfo a cuestas, Manuel Reyes Solano se presentó en otros concursos de perfil nacional. Ganó en Toluca, ganó en Guadalajara, ganó en Xochimilco, ganó y ganó tanto que llegó hasta las autoridades del Departamento del DF para iluminar el Zócalo capitalino con sus luces, donde duró diecinueve largos años. Quemaba los 20 de noviembre, los Primeros y Cincos de mayo, el 15 y el 16 de septiembre. A través de la televisión el país entero vio en radiantes cohetes multicolores los rostros y los nombres de Hidalgo, Morelos, Allende, la Corregidora, los Niños Héroes y a muchos más de nuestros próceres. Debe ser por eso que Manuel Reyes Solano dice que ha contribuido al conocimiento y a la difusión de nuestra historia patria.

Se siente una enorme satisfacción ver el trabajo de uno en medio de esa multitud y escuchar sus gritos de asombro cuando aparecen en el cielo los colores nuestros. Nadie sabe quién los hace pero eso no importa. Lo que cuenta es la alegría que esas luces provocan. Mis bombas no han sido las

La noche pierde su tranquilidad.

primeras en surcar el cielo de la ciudad de México pero sí han sido las que más alto han llegado y también las que han brillado en cualquier parte del Zócalo.

El relato del artesano tiene lugar en un sitio alejadísimo del centro de Tultepec. Allá arriba en las colinas y rodeado de un suelo raquítico en vegetación, así como abundante en pedruzcos y tierra que se levanta al menor soplido del viento. Esa ubicación es una exigencia de la Secretaría de la Defensa Nacional debido a que en el oficio de cohetero los accidentes son más frecuentes y mortales que en el de secretaria bilingüe o el de plomero.

Aquí en el taller estoy libre de poder fabricar cualquier artefacto pirotécnico. Cualquier material que venga mal, aquí se puede arreglar; tengo un laboratorio donde analizo los materiales, y por lo que me pasó ya tengo mucha precaución. Por todas partes tengo extinguidores, agua, arena, palas, picos.

Milagros y Más Milagros

Chalma

Esperanzados y movidos por su propia fe o conveniencia, bajan atropellándose por la calle principal entre cientos de puestos de garnachas, sopes, tacos de lo más diverso, ropa, juguetes, velas y más velas, pero sobre todo, la más variada y espectacular santería. Imágenes de vírgenes grandotas y chiquitas; santos con alas, espadas en la mano y demonios que huyen; letreros con los nombres de exorcizados en metal barato, todo tipo de miembros humanos en todos los tamaños y colores: manos, brazos, piernas, corazones, pulmones, bocas, ojos. Son los milagros que esperan que se realicen al amparo del Cristo Negro esculpido en madera. Cristo con cara tumefacta y de excelentes proporciones en donde los signos del dolor y de sangre están presentes en cualquier parte de su enflaquecido y lívido cuerpo. Los creyentes llegan hasta el atrio e inician los ritos de la visita: colocan donde pueden sus flores, banderas y estandartes. Nunca falta quien organice los rezos. Se hincan y algunos –con sus cuerpos– planchan el suelo en forma de cruz o se acurrucan junto a las paredes del templo, mitad para descansar, mitad para contemplar que finalmente han llegado. Luego recorren el convento, escudriñan paredes ornamentadas con imágenes o con carteles donde se inscriben invitaciones a cursos religiosos o a excursiones a otros santuarios como San Juan de los

Lagos, la Villa de Guadalupe, Zapopan o Izamal. Más tarde, descubren o reconocen el río a donde acuden a refrescarse metiendo parte o todo el cuerpo, y dejan los cantos y las danzas para lo último.

Extraña paradoja –dice el estudioso Luis Mario Schneider– **pues el Señor de Chalma, el más querido, el que tiene más devotos en México después de la Virgen de Guadalupe, tiene su pequeña morada en un villorrio de casi una sola calle –hace poco tiempo empedrada– que conduce al templo en un abismal declive y en la que en los días de lluvia el caminante resbala, se enloda y en la que los penitentes, unas veces paralíticos y sangrantes por pencas de nopal, abrumados por el peso de maderos, tambaleantes o de rodillas, sufren dolorosas caídas como en el episodio bíblico.**

Santuario de Chalma sin las multitudes que desbordan su atrio.

Más tarde viene la ceremonia de conducir las cruces, algunas de hasta casi ocho metros, que habrán de subir a las cumbres de los cerros que rodean a la población de Chalma. Ese rito se cumple invariablemente todos los años en la fiesta del Espíritu Santo y son las siluetas las que otorgan la fisonomía del horizonte chalmero. Grupos, organizaciones, sindicatos, cargan y suben las suyas, buscando sean las más vistosas, las más recargadas y las más grandes para que desde todos los ángulos puedan ser identificadas. Al año siguiente se recogen, se hacen bajar, se les remoza, pinta y adereza para, en medio de bailes y velaciones, penosamente volver a subirlas.

En busca de milagros, paz y conformidad.

Cualquier guía profano que se ofrece a ilustrar un breve recorrido del santuario admite que al Santo Cristo de Chalma se le rindió culto en la cueva de aparición por más de un siglo. El templo se fue complementando con altares y capillas... y también deteriorando. Esta situación, aunada a la afluencia de peregrinos que hacían insuficiente el espacio, fueron los motivos que llevaron a fray Juan de Magallanes a extender y modificar la iglesia. La edificación del nuevo templo se hizo por etapas. En su tercer momento, allá por septiembre de 1750, se amplió el presbiterio, mismo que se pintó y doró. De

Crucifijos para mitigar el dolor.

1757 a 1759 se agrandó la sacristía. La historia del culto en Chalma se remonta hasta los tiempos prehispánicos. Ese mismo lugar, se sabe bien, era el centro de peregrinaje para rendir culto al dios Oztotéotl; según el historiador Javier Romero éste era un lugar dedicado a Tezcatlipoca en donde se le rendían como tributo los sacrificios humanos. Relatan fray Francisco de Florencia y Juan de Grijalva que fueron dos sacerdotes llamados Sebastián de Tolentino y Nicolás de Perea quienes con sus rezos y prédicas lograron el milagro de alterar el sentido que tenía el lugar. Los misioneros, decididos a extirpar los cultos idolátricos, se dirigieron a la cueva y ante el numeroso concurso que los había seguido, el más diestro en dialecto ocuitleca les hizo una fervorosa plática. Pero no quedaron muy persuadidos los indios. Más tarde, los religiosos regresaron a la cueva con la firme intención de derribar al ídolo, pero "¡Oh, estupendo prodigio!", dice Joaquín Vardo, el mayor estudioso de la historia del convento y del santuario, "¡Oh, portento admirable!, hallaron la imagen de nuestro soberano redentor Jesucristo crucificado, colocado en el mismo altar en que estaba antes el ídolo detestable y a éste derrumbado

Ritos de purificación.

en el suelo, reducido a fragmentos [...] y así todo el altar y piso alfombrado de exquisitas flores".

Ésta es la relación del prodigio divino del Santo Cristo de Chalma. Ante las dudas que se dieron en algunas mentes incrédulas, existe la segunda versión de que fueron los ángeles quienes hicieron el milagro.

La fama del Señor de Chalma siempre ha estado por encima de las dudas y la derrama de dones a sus devotos fieles ha movido a multitudes que llegan desde todos los confines del país. Los primeros habitantes del santuario fueron los ermitaños Bartolomé de Jesús María, quien radicó en el sitio en 1623, y más tarde lo acompañó fray Juan de San José. Juntos edificaron una pequeña capilla y entre oraciones y penitencias atrajeron a los primeros peregrinos; más tarde, esos santos varones iniciaron, junto con los indios ya convertidos, la construcción de un convento que después continuó bajo el cuidado de los agustinos.

A la espera de hacer un milagro.

El Cristo moreno de Chalma está permanentemente en contacto con el pueblo más humilde de México. Individuos y grupos que siguen hablando sus lenguas nativas, campesinos de tepetate, concheros, obreros de salario mínimo, gente del servicio doméstico, ejidatarios empobrecidos, lumpen proletarios que recurren a buscar su milagro, paz y conformidad.

Es una ilusión profunda y abnegada para preparar el alma ya que el cuerpo pasa por un sinfín de penas. Chalma y su Cristo son el camino y la acción para estar limpios y purificados para aquello que todos sabemos que vendrá, y si viene muy tarde y sin muchos dolores, el milagro supremo se habrá consumado. Mientras tanto, Chalma nos ofrece la oportunidad de hacerlo allá o en cualquier otro lugar: bailar para contentar el espíritu.

Carlos Millán Rivera

Así nací, con el pie volteado. Hasta los catorce años me compuse gracias al Señor de Chalma. Vivo en una ranchería que se llama Palmar de Guadalupe. Me daban limpias con veladoras, pero la fe me ha sacado adelante. Ahora corro cuarenta kilómetros. Tengo treinta y tres años y hace como veintitrés años que me compuse. Yo soy devoto del Señor de Chalma, le tengo mucha fe. No agarro el vicio. He salido adelante gracias a Dios. Soy tablajero.

El Recinto

Verdaderamente afirmo que les quitamos dioses y creencias; los despoblamos con injusticias, matanzas y grandes pecados de los españoles contra Dios y contra el Rey.

Ya no fue suficiente erigir templos y conventos, sería menester dar lugar a otra alma.

Bartolomé de las Casas, *Tratados*.
Biblioteca Americana, FCE, México, 1965.

Fe a Prueba de Inundaciones

Acolman

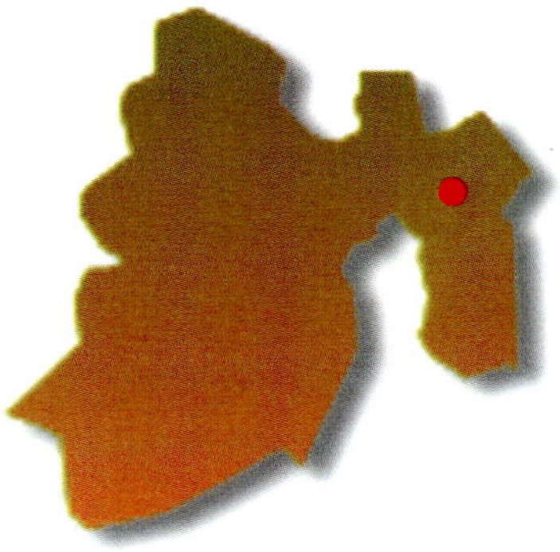

En el año de 1857, fray Diego de Soria, a la sazón provincial de la orden agustina de la Nueva España, se había empeñado en mostrar, primero, y en acostumbrar a los indígenas después, el sano y venerado ejercicio del agradecimiento. Sobre todo, en medio de una población dócil, sumisa ante el poder de la iglesia y ya bien evangelizada como lo era la de Acolman.

Maestro Juan E. Rojas.

Con este propósito –que contaba con todo el apoyo de su orden–, llegó ante el Papa para solicitar una bula que le permitiera celebrar por primera vez en América las misas de aguinaldo. Estas misas recuerdan los nueve días en que María peregrina antes de dar a luz a su hijo; son misas secuenciales durante nueve jornadas, y buscan ejemplificar, sobre todo, el agradecimiento. Para hacer hincapié en ello incorporaron un elemento pagano que perdura hasta nuestros días: la piñata.

A este artefacto le habían modificado su origen asiático –concretamente chino– que era eminentemente comercial. Aventureros como Marco Polo la habían llevado a Europa y ahí los religiosos le asignaron un valor

Acolman listo para la postal.

espiritual simbólico que no arraigó ni en Italia ni en España. Pero en México se le asignó la representación del mal que le roba a los individuos sus bondades humanas para así encerrarlas en una olla y, con ello, despojarlos de lo mejor. Los individuos, para recuperar lo que les han sustraído, tienen que enfrentarse a ese mal pero vendados pues la fe, que es ciega, sabrá guiarlos para, armados de un garrote, romper la olla que desparramará las bondades que de esta manera se recuperarán. De este modo, un acto festivo se volvería religioso y colmado de agradecimiento.

Es en suma, un reencuentro del ser humano con lo bueno que tiene y que la iglesia le permite recuperar.

Estoy aquí desde fines del año 1991 como responsable –apunta el profesor Juan E Rojas– **y mi profesión es la de historiador. Mi vocación nació por el gran cariño por la historia de nuestro país y por las ideas de la población mexicana. Eso es lo que me lleva a pensar que un muro, una casa antigua, un monumento, encierran concepciones del pasado que en su momento fueron polémicas. Aquí, por ejemplo, el ex convento de Acolman fue un modelo de construcción en su época. En el siglo XVI los religiosos agustinos pretendieron construir un gran convento en San Juan Teotihuacán y fueron expulsados por el inmenso temor que tuvo la población de que los pusieran a**

Corredores que invitan a la meditación.

construir el proyectado convento durante veinte años o más. Hoy lo vemos convertido en una realidad muy bella pero no sabemos todas las ideas encontradas que hay detrás. A lo largo de sus más de cuatrocientos años de existencia el ex convento ha sufrido cuatro grandes inundaciones.

En el siglo XVII, y concretamente de 1604 a 1607, se decide construir una presa cercana a Acolman en una población llamada Cuanalán. La presa tenía el propósito de contener el agua de las precipitaciones pluviales para su uso posterior. Esa presa, nombrada del Rey, se venció rápidamente, no resistió el dique e inundó la región y por supuesto el convento que se anegó lastimosamente. Los religiosos tuvieron que abandonarlo y regresar una vez que las aguas habían bajado. Este problema fue permanente a lo largo del siglo XVIII pues el fenómeno se repetirá dos veces más. Durante el siglo XIX ocurre otra inundación, y en este siglo, para el año de 1920 llega a tener un nivel de enzolvamiento de 1.20 metros de altura; todavía se conserva el registro en el claustro menor, aunque en la parte exterior el nivel llegó a 2.80 metros. Este enzolvamiento de agua con grandes cantidades de sales explica la degradación que tienen la portada del templo y las pilastras. Todo eso ya fue restaurado pero aún pueden apreciarse las huellas.

Cuando se decidió recuperar el monumento se extrajeron más de 80

mil metros cúbicos de tierra, y con ese material se decidió construir un sistema de terrazas para que así se pudiera apreciar la magnificencia de la portada de la iglesia. Es de este modo como puede ser apreciada ya que representa la expresión más pura del arte plateresco –que es un arte eminentemente decorativo– de los edificios religiosos de México. En la planta baja hay un arco de medio punto con una doble arquivolta que está decorado con platones de frutas y viandas propias de la época; aquí la comida muestra ya el mestizaje: hay calabazas y mazorcas, también se dibujan racimos de uva y de trigo que representan la sangre y el cuerpo de Cristo. Esta simbología responde al espíritu y al celo de los frailes agustinos que estaban consagrados a la reflexión, a la contemplación, al estudio de los clásicos.

Las inundaciones provocaban que los religiosos emigraran y cada vez que ello ocurría, la comunidad se hacía cargo del templo que permanecía abierto aunque el convento estuviera cerrado. Se las ingeniaban con un sistema de andamios y puentes para evitar agua y lodo. Si la frase es harto conocida: "la fe mueve montañas", aquí en Acolman habría que decir: "la fe serpentea el fango".

Para el siglo XVIII la iglesia ha consolidado en la Nueva España un enorme poder económico. Posee casi el setenta por ciento de las tierras debido a donaciones, herencias o canonjías de particulares. Esto tiene su razón de ser. En España, la iglesia depende de alguna casa real o de un principado, hecho que hace que los religiosos sean dependientes. Cuando

arriban a nuestro continente deciden formar un patrimonio propio para conservar su independencia llegando, la mayoría de las veces, a los extremos.

De esa forma amasan grandes fortunas y su poder religioso y político aumenta en la medida en que tienen un gran apoyo económico atrás de ellos. No hay que olvidarlo: la iglesia tiene un gran poder. Estuvo en el feudalismo, en la formación de las naciones, en la reforma, en la contrarreforma. Sirva de ejemplo que en 1945 fue perseguida por Stalin en Polonia y en tan sólo cincuenta años la iglesia recuperó Polonia con un papa tan activo como Karol Wojtyla.

Volviendo a Acolman, a la llegada de los agustinos en 1533, la ciudad de México estaba ya entregada a las órdenes religiosas de los franciscanos y dominicos, de manera que había poco para los agustinos. Incluso fueron albergados en una casa dominica durante los primeros meses de su estancia. Como los franciscanos y los dominicos no se daban abasto para evangelizar un territorio tan grande

Los muros también enseñaban.

como el novohispano, se asignó a los agustinos parte de los estados de México e Hidalgo, llegando hasta las huastecas en la sierra norte, cerca de Veracruz. Al sur se les envía al estado de Morelos y a parte de Guerrero, hasta Tixtla. Hacia el occidente llegan hasta la región de los Lagos, en Michoacán. Trabajan un poco en Puebla también y conforman el área de influencia agustina en el país.

A pesar de que la orden de los agustinos estaba dedicada a la vida reflexiva, sus conventos son ostentosos. Fueron grandes construcciones muy costosas que debieron haber requerido una gran cantidad de mano de obra. Así como en la actualidad hablamos de capitalismo salvaje por sobreexplotación, en aquellos tiempos los territorios conquistados y después colonizados sufrieron una hiperexplotación. Si bien la historia nos da muchas muestras de coloniaje en muchas partes de la tierra, los conquistadores respetaron costumbres, lenguas, tradiciones. Pero en el caso de la colonia española ni el imperio romano fue tan agresivo con los pueblos dominados. Aquí se destruyó todo para imponerles cultura, comida, religión, incluso lengua, pues se castigaba a quien hablara el idioma local. Fue una colonización sumamente agresiva y las evidencias están por doquier en nuestro país.

Acolman es, hoy, a pesar de ello, un baluarte de la cultura nacional. Representa ese bárbaro mestizaje hecho a fuego, piedra y hasta lodo. Es un punto de reunión para estudiosos de todas partes y de todas las corrientes; revela, para quien quiere y lo puede ver, un tramo básico de la historia nacional que puede facilitar el mejor entendimiento de lo que hoy vivimos.

La Gente lo ha Hecho Suyo

Malinalco

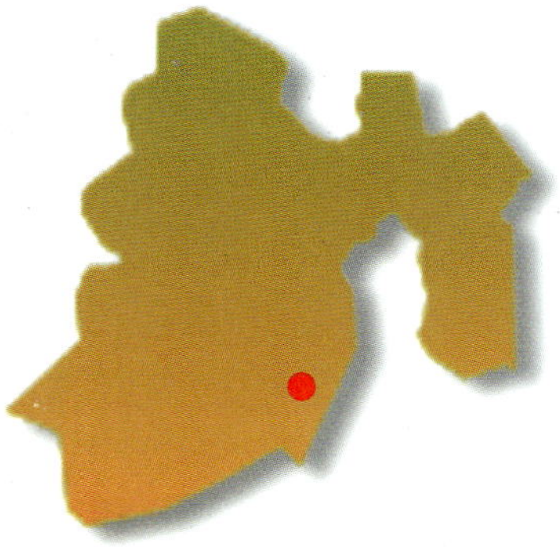

Pensativo, el sacerdote de Malinalco.

Dicen los que saben que es un lugar de naturaleza cambiante. Aires de sol donde la mañana y el crepúsculo son de manto cálido, reposado, y las noches con tinieblas no pueden con el canto de los grillos.

Tecorrales sobre escasas calles empedradas limitan y dan trazo a casas predominante de adobe, entre las que, para mal, sobresalen algunas hechas de tabicón gris y varillas negras que, ignorando el techo de dos aguas, se perfilan desde el suelo hasta querer alcanzar el cielo. Otras son casas modernas, bellas y estilizadas, hechas por notables de la ciudad de México que en este valle encuentran acomodo placentero los fines de semana y durante sus vacaciones. Las huertas rebosantes de aguacates, guayabales, pomarrosas, cafetales

y naranjales le dan su propio perfil y se hermanan con los sueños que durante la sequía añoran los grandes chubascos y las lluvias torrenciales.

En pocos lugares del país existe una abundancia tan variada de fabricación artesanal de la masa de trigo como en Malinalco, donde aún se cuece en hornos de barro alimentados por madera de la región. Aquí también crece bien el vicio por las nieves. Su atmósfera, a veces abrasadora, tira hacia el paladeo del limón, el mamey o el zapote negro que en surtidores de aluminio se encuentran en las plazas y callejuelas.

Los miércoles, Malinalco se desdobla para aceptar el mercado. De la capital del estado, del DF y de muchos otros lugares llegan con las novedades: caseteras para audio y video; ropa dominguera de estilo; discos compactos y de los otros; cucharas metálicas y de madera; barro en forma de ollas, jarras, platos y cazuelas; zapatos de charol y collares de infinitos colores.

Malinalco, hacia mediados del siglo XVI, constaba de ocho barrios y diez estancias con una población de 6 132 habitantes; los cronistas señalan que primero se llevó a cabo el adoctrinamiento religioso y luego la edificación del convento. Éste se situó en la parte prominente de la localidad e integraba al hospital en la parte oriente, la escuela al norte y el cementerio al poniente del atrio que albergaba también las capillas posas. Para principios del siglo XVII ya estaba terminado y su iglesia era considerada elegante y suntuosa. La fachada es manierista pero modesta, comparada con las de Actopan, Acolman o Meztitlán.

Fachada del convento de Malinalco.

Elena Isabel E. de Gerlero, en el capítulo "Orígenes de su traza, conventos y capillas", del libro *Malinalco, imágenes de un destino*, que fue su tesis de doctorado, afirma que el atrio como el claustro corresponden a imágenes del paraíso.

A principios de 1570 Felipe II nombró a Francisco Hernández Protomédico General para la Nueva España. Este hombre viajó por varias regiones y

Por los silenciosos claustros.

Rincones y escaleras que recorrer

en 1571 instaló talleres en los conventos de Texcoco y Tepotzotlán . También realizó diversas visitas a Malinalco, de manera que es muy probable que los agustinos se hayan entusiasmado con la labor botánica del científico. A su vez, el franciscano fray Bernardino de Sahagún demostró un intenso interés en la ciencia. Éste pudo ser la influencia decisiva para tener como ejemplo la figura de la garza con el pescado en las garras, localizada en el muro oriente del claustro. Sorprende, a primera vista, que se registren escenas de violencia entre varios animales justificada en la lucha por la sobrevivencia, aun cuando en varias de ellas se intuyan significados asociados al pecado. Así, destaca el símbolo de Cristo que persigue a Satanás, o el ciervo que ahuyenta a la serpiente con su aliento. La escena agrega una codorniz que parece hipnotizada por el reptil. Todo ello asociado a la lujuria donde se encuentra un mono que arranca una mazorca al árbol. Por último, las raposas y las uvas simbolizan a los herejes que amenazaban a la iglesia, y el tema deriva del pasaje del *Cantar de cantares*, que dice:

Cazándonos las raposas,
las raposillas que destrozan las viñas,
nuestras viñas en flor.

La decoración de las fachadas muestra el empleo tanto de piedra labrada como de relieves en argamasa con motivos florales muy esquemáticos.

La capilla de San Martín es quizá una de las más ricas, además de que es la única que a través de sus diversas etapas constructivas mostró la conciencia histórica y el deseo de reafirmación de sus mayordomos y mandones. Esto puede verse en los carteles alusivos de la fachada de la puerta de acceso a la iglesia y en el portal.

En el confesionario se representa la escena, sacada de un Libro de Horas del grabador francés Pigouchet, de fines del siglo XV, de un fraile confrontado por la muerte, en obvia alusión a los efectos benéficos del sacramento.

Resulta imposible describir un tema tan vasto como el representado en los muros del convento. Baste agregar que, con el mismo estilo y sutiles variantes, el trazo se extiende al coro y al sotocoro, donde además de la cenefa epigráfica se ha descubierto una cenefa de lambrín basada en el uso alternado del escudo de la orden agustina y el de las Cinco Llagas, asociado a la devoción pasionaria. La epigrafía fue una vigorosa forma de expresión entre los agustinos.

Esta orden religiosa, más que cualquier otra, empleó los motivos serlianos para la decoración de las bóvedas conventuales. En los apoyos de los siete arcos se pintaron los siete primeros evangelizadores agustinos

que llegaron a la Nueva España en 1533. Muchas de las figuras se han perdido –las de Jerónimo Jiménez, Juan de San Román, Juan de Oseguera y Jorge de Ávila–, pero se aprecia todavía parte de la correspondiente a las cartelas de Agustín de Coruña y de Alonso de Borja, así como parte de la leyenda sobre la figura de fray Francisco de la Cruz.

Las pinturas murales del convento de Malinalco representan con gran calidad a la pintura mural novohispana del siglo XVI.

TOLUCA

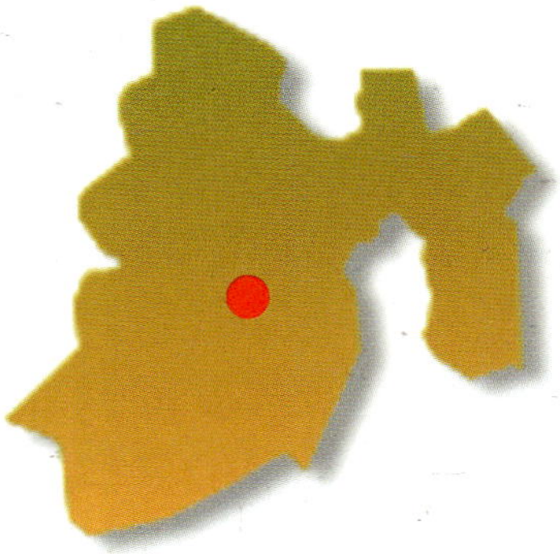

SU ABUELA era profesora de piano y a la casa acudían una veintena de alumnas. El ambiente era aderezado permanentemente por claves de sol y tarantelas italianas. Un día no lejano, a sus cinco años, Enrique Bátiz se sentó frente al teclado y tocó *El Danubio azul*, *Gopak* y un *Adagio maestoso* de Rossini. Su vida adquiría una indudable vocación que lo ligaría de modo permanente con el universo musical. Nunca más otra cosa llamaría tanto y tan significativamente su atención.

Viví cuatro años en la casa de mi abuela y fue ése el tiempo que marcó mi existencia. Tanto que más tarde mi madre me llevó con un maestro de piano con quien estudié hasta los dieciséis años. Me hubiera gustado ya no ir a la escuela para dedicarme por entero a la música, como se hacía en Europa en tiempos pasados, pero la educación del siglo veinte se me impuso y tuve que hacer lo mismo que los pintores o escultores actuales: cursar secundaria, preparatoria y averiguar si se puede ser ingeniero o abogado de acuerdo con los deseos paternos. Fue así como, al terminar la secundaria, mi padre insistió en que fuera al CUM en donde lo único que hacía en los recreos era correr a la sala en la que estaba el piano para tocarlo. Al terminar la preparatoria gané una beca y me fui del país a continuar con mi vocación. Estuve fuera once años. Tres en Dallas, des-

pués en la Julliard School of Music, cuatro años; más tarde en Polonia y París, lugares donde estudié el piano durante más de ocho horas al día. Para mí, la vocación es pasión y divorcio de todo lo que lleve a otra parte. Por eso es que si de algo sé en la vida, ese algo es la música.

Sobre las condiciones, dotes y cualidades que se requieren para ser director de orquesta mucho se ha dicho; existen, incluso, diversos tratados en los conservatorios de Berlín, Londres, Viena y París. Para mí éstas son las que convergen en mi propia concepción: antes que nada hay que tener una gran humildad. De otro modo se pierde el piso muy fácilmente.

El director de orquesta siempre ha sido visto como un mago; un alguien capaz de crear ríos, cataratas de música. Como el que puede lograr que otros hablen el prodigioso lenguaje de los instrumentos. La humildad de saberse un imperfecto ser humano es, pues, una condición básica, irrenunciable. Otras condiciones son: ser graduado de una escuela profesional; ser un instrumentista de excelencia; tener un conocimiento profundo y amplio de varios instrumentos; dominar diversos idiomas; trabajar las partituras durante muchas horas, todos los días; poseer una filosofía y una forma de vida que permita ser espontáneo, extrovertido; sentir un entrañable amor por la música; conocer los estilos, las formas, la arquitectura de la composición; valorar la influencia de otras artes en la música y, finalmente, tener el don de poder comunicar la música a los demás.

Enrique Bátiz inicia la Quinta de Beethoven.

Todo esto parte en mí de una convicción: no creo que haya nada que se gane si no hay sufrimiento; creo en los sacrificios para poder alcanzar lo que uno quiere. Si no es así, no hay triunfo que valga. Tal ha sido, es y será mi filosofía como ser humano, como mexicano universal y como músico.

Constantemente se configuran clasificaciones sobre el valor real o supuesto de los músicos, de los cantantes y de los directores de orquesta. De estos últimos se dice que Herbert Von Karajan ha sido el mejor, el más conocedor, el que ha llegado más lejos. Yo difiero de esa opinión: fue un gran director, pero lo fue por publicitado. Sergio Ucelli Viraqui dice que Karajan era la *coca-cola* de la música. Para mí uno de los más grandes directores del pasado fue Wilhelm Furtwangler y entre los contemporáneos está Carlos Kleiber. A los dos les sobran cualidades hasta, inclu-so, llegar a la genialidad. Dirigir una orquesta no es un *show*, es, sin duda, un arte y casi una ciencia en la que todos tienen que entrar puntuales y, contrariamente a lo que muchos creen, en Estados Unidos no hay directores. Se supo de Leonard Bernstein, de James Levine por el Metropolitan Opera, y de Leonard Slatkin por la Orquesta de San Luis y porque su padre fue Félix Slatkin, emigrado

Sala de conciertos Felipe Villanueva, Toluca.

polaco. Fuera de esos casos, los demás son extranjeros como Zubin Metha, Daniel Barenboim o Eduardo Mata. Lo que ocurre en Estados Unidos es que es la tierra de la publicidad, de los grandes medios, de los inmensos auditorios. Me tengo que preparar constantemente porque tengo muchas cosas que hacer en Europa: discos, presentaciones, conciertos y no tengo tiempo de más. Sólo de mi otra pasión que es la Orquesta del Estado de México –que ahora en 1996 cumple veinticinco años de creada– de la que quiero decir esto: aquí he estado trabajando durante mucho tiempo. Aquí no existen arritmias, grillas ni manifestaciones o huelgas sindicales. En mi cuaderno pautado sólo hay dedicación, amor y buena música como objetivo final, y a través de los años he visto que mi decisión no fue equivocada. En el Estado de

México he podido construir en libertad. He visitado con la orquesta todos los municipios del estado. En muchas partes la población ha tenido contacto con la buena música para su deleite y cultura. Al cabo del tiempo hemos formado una magnífica orquesta. En mí, el Estado de México tiene a un rebelde que ha logrado aceptar y querer. Un rebelde que quiere que la gente escuche muy buenos conciertos y muy buenas grabaciones.

Tengo veinticinco años de ser un cura que oficia todos los días, de vestir el hábito, y creo que aún no alcanzo la salvación; quizá nunca la logre aunque yo seguiré con mi música oficiando todos los días hasta que llegue el último momento.

"En mi cuaderno pautado sólo hay dedicación."

Ejecución insólita

La sala de conciertos Felipe Villanueva en Toluca está atiborrada. La concurrencia, vestida de gala, espera a los gobernadores: Rhee In-Je, de la provincia de Kyonggi en Corea del Sur, y a César Camacho Quiroz, del Estado de México. Es noche de rituales y ceremonias. Los dos han convenido algo que se antoja irreal: sus pueblos, distantes en tradiciones, gastronomía, cultura, lenguaje, historia, geografía, por voluntad propia, y a partir del 13 de mayo de 1996, serán provincias hermanas. Para celebrar esto es el concierto de esta noche. La Orquesta Sinfónica del Estado de México será dirigida por su director titular, Enrique Bátiz, y el programa se antoja suculento: *Cuadros para una exposición*, de Mussorgsky–Ravel; *Noches en los jardines de España*, de Manuel de Falla, y *El huapango*, de Pablo Moncayo.

Acompañados de sus respectivas esposas, los gobernadores entran juntos al interior de la sala. Son recibidos calurosamente por el público y apenas se han acomodado en sus asientos ya la orquesta arranca los primeros acordes.

Todo indica que será una noche musical de pompa y circunstancia, pero nadie ha previsto que transcurridos los primeros quince minutos, y en medio de un solo de trombones, ocurra un apagón y la sala de conciertos quede totalmente a oscuras. A pesar de ello la orquesta no se detiene. Las ondulaciones musicales continúan y entre la concurrencia nadie se mueve. El tiempo pasa, la oscuridad persiste y la contagiosa angustia puede ser cortada con navaja. Súbitamente, la luz inunda la sala. Los ejecutantes no han perdido la compostura ni las notas; el reloj indica que transcurrieron ciento cuarenta largos y eternos segundos en las sombras. Entre el numeroso público se ven claras muestras de querer aplaudir y premiar a los músicos. Todo mundo se reprime para evitar que lo que no provocó una falla en la energía eléctrica lo causen los invitados. Durante el entreacto se oye al gobernador coreano brindar todo género de calificativos y elogios a la Orquesta Sinfónica del Estado de México y a su director Enrique Bátiz. Al final del concierto y de los numerosos *encores* que exigen a los ejecutantes, un largo, larguísimo aplauso coronará la celebración musical de la fraternidad entre dos distantes provincias que quieren entrelazar sus intereses y afectos.

Es un Monumento Vivo

Tepotzotlán

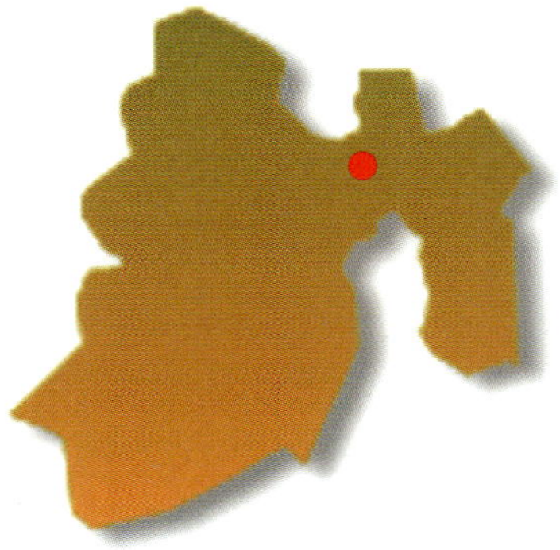

A los ochc años de haber llegado a la Nueva España los jesuitas buscan un sitio para establecer un colegio de lenguas. Requerían de un lugar donde se hablaran las lenguas indígenas para que los maestros, es decir, los misioneros que iban a consagrarse a evangelizar pudieran aprender y practicar la lengua indígena. Llegan a Tepotzotlán que ya había sido evangelizado por los franciscanos que habitaban en Cuautitlán. Inclusive ya había llegado el clero secular. En la crónica jesuita se habla de que ya existía una iglesia.

Con esa idea, los jesuitas empiezan a vivir en casas que les dona un cacique llamado Martín Maldonado. Y aunque su propósito no era educar niños pequeños fundan un colegio para niños indígenas al que se llamó de San Martín en agradecimiento al cacique y mecenas Martín Maldonado.

Por ser un sitio cercano a la capital consideran la posibilidad de establecer también en ese lugar un colegio para sus novicios, aunque también los atrae la ciudad de Puebla. Pero lo cierto es que acaban fundando el noviciado. De este modo, en Tepot-

María del Consuelo Maquívar.

Barroco novohispano en todo su esplendor.

zotlán se crean tres colegios: el colegio de lenguas, el colegio de niños indios y el colegio de novicios llamado de San Francisco Javier. Los tres subsisten hasta el siglo XVIII. El colegio de lenguas, al parecer, desaparece, o al menos deja de tener una función específica.

Lo que hace que Tepotzotlán llegue a ser un centro cultural tan importante es el colegio de San Francisco Javier: los misioneros crean una organización muy eficiente, desde el punto de vista económico, con las haciendas de los alrededores que explotan, y esto crea una bonanza económica que repercute en las edificaciones.

A lo largo de la historia los jesuitas tienen diversos mecenas. Unos de ellos son los Medina Picazo. Con su aportación se inicia la construcción de la iglesia de Tepotzotlán. Y ya para fines del siglo XVII está terminado el

No sólo de fe y rezos vive el hombre.

claustro de los aljibes alto y bajo, la iglesia de San Francisco Javier, y para el siglo XVIII construyen el claustro de los naranjos. Después, a mediados del siglo XVIII, con el famoso rector Pedro Reales, cuyo nombre aparece en varios lugares de la construcción, tiene lugar una reornamentación muy interesante. Pedro Reales es quien convoca a los artistas más sobresalientes de la época para que se realicen los retablos, la pintura mural de Cabrera, los lienzos de la sacristía, etcétera.

Para 1762 el conjunto está ya como lo conocemos actualmente. Desde luego, en el siglo XVII los jesuitas convocan también a los artistas más sobresalientes y la respuesta es la serie maravillosa de Villalpando, de Rodríguez Juárez, en el claustro de los naranjos. Esto es una muestra de la estrecha relación que tuvo la Compañía de Jesús con los artistas más sobresalientes de su tiempo, que fueron llamados para llevar a cabo toda la ornamentación y que han hecho a Tepotzotlán famoso porque representa el barroco novohispano de los siglos XVII y XVIII.

Carlos III expulsa a la Compañía de Jesús de sus dominios y Tepotzotlán pasa a manos del clero secular. En ese tiempo, el arzobispo de México era Alonso Núñez de Haro y Peralta, quien decide que Tepotzotlán se convierta en cárcel de clérigos penados. Pero lo importante es que Haro y Peralta traslada parte de su biblioteca a Tepotzotlán y eso le permite seguir teniendo vida académica y cultural.

En 1933 se le declaró monumento nacional, cuando empieza la gestión para crear el Instituto Nacional de Antropología e Historia. Y en 1960 se decide que sea Museo Nacional del Virreinato, cuando Adolfo López Mateos crea la red de museos nacionales.

El sitio tenía grandes posibilidades porque por un lado estaba el edificio, barroco por excelencia, y por el otro estaban las colecciones jesuitas que por suerte se conservan. La población, con un celo extraordinario cuidó muchas de las obras. Inclusive se sabe que las tenían en sus casas custodiadas y cuando se decide que sea museo las reintegran. Gracias a eso tenemos los lienzos de Villalpando, de Rodríguez Juárez, las esculturas de las capillas y muchas otras obras de arte.

Cuando se restauró la pintura mural de Cabrera, al desprender los lienzos del siglo XVIII de las pechinas apareció la pintura mural del XVII. Esto nos permite ver que todavía el monumento nos da sorpresas. Es un monumento vivo. Y el público está complacido por estos hallazgos pero exige más y con toda razón. Tenemos una colección muy valiosa en bodega.

Cúpulas celestiales.

BLANCA CHAVARRÍA

Soy custodio de bienes culturales. Vigilo que las gentes no maltraten las piezas que tenemos expuestas, que no saquen fotografías con *flash* porque dañan las pinturas y los frescos. No es que quieran dañar pero sí llegan a querer tocar. Las armaduras que tienen las salas cuatro y cinco están oxidadas porque la gente las toca. La gente piensa que no se gastan los retablos y con el tiempo se va desgastando la hoja de oro. Tengo seis años trabajando como custodio. Hice mi examen para el puesto. Los exámenes no son difíciles, preguntan lo que se ve en la primaria, como por ejemplo en dónde se desarrollaron las diferentes culturas y cosas así.

Cuando veo que los visitantes tienen alguna duda trato de aclararla. Trabajo siete horas con una de descanso.

Los monumentos del siglo XVI que se encuentran en el estado son Acolman, agustino; Malinalco, agustino; Cuautitlán que es una construcción franciscana muy completa, con una de las cruces atriales más importantes del siglo XVI en el país. Ahí se tienen las tablas de Martín de Vos, uno de los grandes flamencos que nunca vino a México, pero sí sus extraordinarias obras y que debieron formar parte del retablo de lo que ahora es la catedral de Cuautitlán. Tepotzotlán es el representante de todo el barroco del siglo XVIII, como Santa Prisca en Guerrero, no solamente en el Estado de México sino en todo el país.

El museo tiene las mejores colecciones de pintura, escultura, platería, textiles, marfiles. Sus colecciones son tan importantes que son suficientes para la exposición permanente y las temporales, independientemente de lo que es el museo de sitio.

Espantos que Curar

Xonacatlán

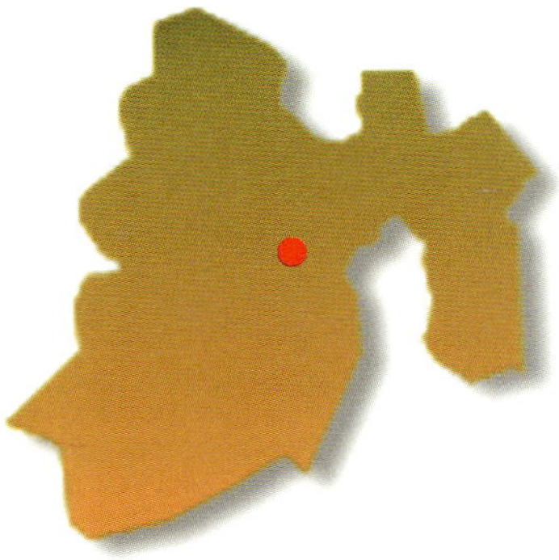

Hay que bajar primero por una hondonada; luego caminar hasta una ligera planicie. Más tarde, subir una pequeña pero empinada colina y cuando se cree que ya se ha visto la cabaña, en realidad es un árbol que se tuerce para todos lados. Una pared grisácea, sin embargo, es ya el preludio de lo que alguna vez fue una modesta casa y hoy es un cubrevientos como morada.

La oscuridad de adentro es rasgada por una ventana así de chiquita que todavía se achica más con los botes

llenos de flores que, a manera de macetas, cuelgan en el exterior. En el espacio negruzco una sombra cobra cuerpo.

Tengo sesenta y seis años y desde que me acuerdo me he dedicado a curar. Eso me viene de lejos. De mi madre que fue la que me enseñó a sanar a los demás aunque a veces yo misma no puedo conmigo.

Curo a la gente que me viene a ver y lo hace con respeto. Los sano de la bilis, de espanto, de torcidas, de parto. Primero los sobo con la mano y luego con un cepillo.

Afuera hay una mujer con una niña en brazos y otro pequeño de siete años que canta y grita rítmicamente al mismo tiempo que no para de correr alrededor de esas dos que forman una en el abrazo. “La Lupe está enfeeerma; la Lupe está enfeeeerma”. La madre lo ve con recelo mientras, con renovada paciencia, aguarda a doña Teresa.

Se necesitan tres mujeres para sacar a un fantasma.

La gente que se enferma de espanto, tiene sus oídos muy delgaditos y el corazón les late mucho, mucho; en otros apenitas se siente el latido. Eso es según.

La mujer con la niña en brazos entra a lo que es la recámara de doña Tere y comienza a desvestirla. Gruesas ronchas rojas aparecen en su cuerpecito. Y la curandera hace un gesto mitad disgusto, mitad conmiseración.

◀ Doña Tere, deshace entuertos, alivia la tristeza y desvanece nostalgias.

Misterio y purificación.

Le pide a la mujer que la tienda en la cama mientras ella se dirige hacia unos frascos y botes alineados en un entrepaño de madera. Selecciona algunos y vuelve hacia la cama donde la niña lanza berridos cada vez más fuertes y lastimosos. Su hermano mayor, el de los siete años, brincotea.

Este que tengo en las manos y con el cual voy a sobar a esta niña pareciera que es para los zapatos. Lo fue, pero ahora es un cepillo ya preparado para curar. Luego le voy a dar a tomar los toronjiles, el epazote blanco y los laureles.

Doña Tere hace lo prometido: soba con el cepillo. Administra un carrujo de hierbas y exige que se le hagan infusiones a la niña. Ve de reojo a la madre y le explica la naturaleza del llanto de la enferma, tiene el estómago agitado y abotagado. La madre de la niña asiente con la cabeza y muy bajito añade que ha tenido vómitos, diarrea y agruras.

Cuando las mujeres traen los niños atravesados se los arreglo poco a poquito, lo mismo que cuando vienen con dolores de reuma o de cabeza. Ya tiene trece años que enviudé y desde entonces me dediqué de lleno a ayudar a los demás. He llegado a curar hasta la bilis de invalidez que provoca un gran espanto, como los que vienen de los accidentes o a los que se voltean en sus coches.

Afuera de la casa hay una pequeña hortaliza apenas cercada por una nopalera; media docena de guajolotes con sus crías; dos borregos de

color indefinido y que presumiblemente alguna vez fueron blancos, y tres perros negros muy revolcados en el lodo.

La curandera tiene dos hijos varones y nueve nietos de todas las edades cuyos retratos pueblan las paredes en medio de marcos de madera pintados de colores brillantes.

A mi familia la he curado casi de todo. De muelas y músculos; también de pulmones y jiotes. En el vecindario me conocen por seria, honrada y aunque esté mal que lo diga, saben que soy muy acertada. Han sido muy poquitas las veces que me he equivocado, y gracias a Dios nunca se me ha muerto nadie. Yo creo que mi madre, que está allá en el cielo, me cuida y me guía en todos mis actos para poder curar.

Y en efecto, los vecinos del lugar corroboran lo dicho por doña Tere. Sobre todo, afirman que no hay nadie que cure el espanto como ella. Las anécdotas que relatan se amontonan unas sobre otras, y entre las más inauditas está la del enamorado que al ir a dar serenata a la mujer que adoraba la encontró en brazos de un ser que tenía pies de cabra, una barba picuda, negra y espesa, ojos brillantísimos y una sonrisa maliciosa. Supo que se encontraba ante el diablo y cayó postrado de espanto durante muchos años hasta que doña Teresa, llena de conocimiento, lo hizo sobar y sobar por su linda y soltera sobrina de veintitrés años hasta que un día lo curó de todo.

Escuela para Ganaderos

Apaxco

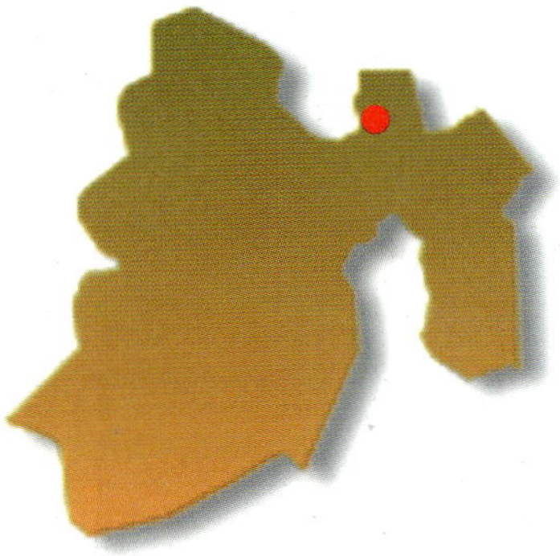

Contrariamente a lo tradicional, el Centro Ganadero Experimental cuenta con una sala de recepción, pequeña pero agradable; sobre los escritorios se alternan los ramos de flores y las computadoras. Se fundó en 1985 y da la impresión de que a pesar de sus once años de uso, acaba de ser inaugurado.

Es, de hecho, una escuela de capacitación y de oferta de asistencia técnica con elaboración de proyectos, validación de tecnología y asesoría a cualquier productor, de la zona o no, donde Apasco tiene ubicadas sus plantas de cemento en el país. Es más, se otorgan becas a cualquier productor que así lo desee, siempre y cuando cumpla con la condición de regresar a su lugar de origen para aplicar lo aprendido.

En el municipio de Apaxco manejan ganado caprino de leche, vacuno, conejos, borrego de engorda y pie de cría pelibuey, que es una variedad de borregos de origen africano. Éste se caracteriza porque no tiene los problemas de fotoperiodo del animal de lana y se reproduce todo el año. Es común que productores de los otros centros envíen ahí su ganado, se engorda, pagan un dividendo y en el momento de venderlos obtienen un mejor precio.

En corrales que albean de limpieza y olor, las chivas de la raza

Sanen se arremolinan cuando ven llegar al gerente encargado, el veterinario zootecnista Alfredo Benítez. Cual dóciles perritos se acercan a lamerle las manos sin saber que éstas son las que ordenan que tengan, por inseminación artificial, hasta tres partos en dos años. Esas hembras dan un promedio de tres a cuatro litros de leche que se destinan a producir queso o cajeta que se procesa en el centro.

Una de las condiciones que tenemos, apunta el veterinario, es que los centros sean autosuficientes. Para lograrlo necesitamos que todo lo que se produzca y salga del centro sea susceptible de venderse. El apoyo que damos a los campesinos se traduce en una primera instancia en proporcionarles animales de muy buena genética para que lejos de tener problemas tengan facilidades. El ganado caprino es para engorda. Tenemos dos variedades, la raza Corridel y el pelibuey que es un borrego de pelo corto. No tiene lana y su carne tiene menos grasa y más carne; tenemos cabras en producción que ya están gestantes y otras que no lo están.

Las cabras fundadoras se importaron de Estados Unidos y las hemos

Alfredo Benítez.

Ganado que va para arriba.

empezado a reproducir con inseminación artificial. Contamos con un semental para las cabras que no quedan gestantes con inseminación. También tenemos reproductoras de ganado bovino. Comenzamos este centro con ganado Corridel y Suffolk que son animales más delicados, y no se reproducen tanto como el pelibuey.

En el centro tenemos casas de huéspedes en donde alojamos a nuestros alumnos; se les proporciona alojamiento y alimentación. Esto se incluye dentro de la aportación del centro, además de la mitad de un salario mínimo para que el alumno pueda comprar algo durante su estancia. Los capacitamos aproximadamente durante dos o tres meses, en ese mismo tiempo se elabora un proyecto, se consigue una fuente crediticia y se implementa el proyecto en su lugar de origen.

Contamos con una nave para cuatrocientas reproductoras de conejos que tiene capacidad para alrededor de 400 o 450 kilos de carne a la semana. Este proyecto está pensado para conseguir recursos para el mismo centro. Las explotaciones que manejamos con los campesinos son las llamadas de traspatio: inician con veinte reproductoras y dos sementales. El conejo es un

Alimentación mejorada y balanceada.

animal que al no hacer ejercicio se conserva más en su peso. En esta área no nos interesan conejas gordas sino nutridas; en el área de engorda puede verse que en la misma jaula hay hasta cinco individuos de mayor tamaño. Ahí sí nos interesa que con otro tipo de alimento el animal haga menos ejercicio y engorde más.

El ganado vacuno que tenemos es originario de Tabasco, Veracruz y Chiapas. Proviene de productores de esas zonas que han tenido que ver con los centros de aquellos rumbos. Para buscar un mejor precio envían aquí su ganado: lo pesamos cuando llega y los kilos que gana durante su estancia en el centro se dividen a la mitad, para el centro y para el productor.

El Jade

¿Es que en verdad se vive aquí en la tierra?
¡No para siempre aquí, un momento en la tierra!
Si es jade, se hace astillas,
si es oro, se destruye;
si es un plumaje de quetzal
se rasga...
¡No para siempre aquí, un momento en la tierra!

A. M. Garibay, *Poesía indígena.*
UNAM, Biblioteca
del Estudiante Universitario, núm. 11. México, 1962.

Una Cotidiana Ráfaga de Trabajo

Estado de México

6:55 AM. El estadio de la Universidad Autónoma del Estado de México exhala humedad. De sus gradas y muros se desprenden gruesas gotas de rocío que se mezclan, aumentándola, con la espesa bruma fría que pareciera venir desde allá arriba donde está colocada una estatua del ex presidente Adolfo López Mateos. Abajo, las luces amarillentas apenas alumbran a un pequeño y compacto grupo de hombres en ropas deportivas. Entre ellos, con gorra amarilla, playera blanca, *shorts* negros y tenis blancos

Un hombre de disciplina.

César Camacho Quiroz,
gobernador del Estado de México.

César Camacho Quiroz, gobernador de la entidad, se agita y mueve las extremidades y se prepara para iniciar la diaria sesión que lleva al entrenador físico de la UAEM a decir con orgullo: **El gobernador es un hombre de disciplina. He visto a otras personas con altas responsabilidades que se inician con entusiasmo pero al poco rato sus obligaciones los retiran de la práctica. Éste no es el caso.** Muy pronto, el pequeño grupo al que se ha incorporado Isidro Muñoz, entonces secretario de Ecología, comienza a correr sobre la pista de tartán rojo. Una y otra vez, dan vueltas olímpicas respirando hondo, exhalando profusamente y manchando las ropas con sudor. Los corredores se emplean a fondo durante cincuenta minutos.

8:45 am. El auditorio de Santiago Miltepec está lleno; los delegados y los subdelegados de los veinticuatro pueblos que forman Toluca se reúnen con el gobernador. Son ellos los que que organizan el trabajo de la comunidad, los que responden por las banquetas, el drenaje, el agua potable, la vialidad. En sus manos está la base del desarrollo municipal. Veinticuatro mesas exhiben fruta, jugos, chilaquiles verdes, café humeante y los informes que cada uno trajo bajo el brazo. Todos quieren que el gobernador César Camacho sepa lo que cada quien ha hecho, así como los planes y proyectos para el futuro

"...habrá que crear empleos dignos"

inmediato. El acto es un relojito. Hablan los que estaban programados. Ni uno más. Apuntan que el dinero no alcanza, que las necesidades son muchas. En cambio, su empeño y su esperanza, por el contrario, no decrecen.

10:10 am. El auditorio del IMSS en Toluca, cuando todo va bien, puede albergar hasta trescientas setenta y cinco personas, pero hoy, como si fuera elástico, ha tenido que ampliarse repentinamente para que quepan muchos más de los que traen matracas y silbatos; mantas y caracoles; cencerros y gorras. Adentro vaporea y se respira humanidad. Están los taxistas y ruleteros; los diputados locales y federales; los autotransportistas y los concesionarios. Entre ellos hay diferencias y pugnas que afloran ruidosamente. Una mesa cubierta con paño verde y en la que, junto con el gobernador, se sientan sindicalistas y dirigentes de grupos, es el centro de atracción para todos esos cuerpos que, echados hacia adelante, no pierden detalle. Se entregan títulos de concesión que son aplaudidos o silbados según sea el gremio del que se trate. Ahí están los de servitaxis, los cibitaxis, las distintas asociaciones, los tolerados. Mantas inmensas y mantas pequeñas dan cuenta de sus propósitos "Mejoraremos el servicio", o "Más rutas para más usuarios", y también de su sentir: "Gracias César, ¡cumpliremos!"; o los compuestos en verso: "Con fidelidad y honor, estamos con el gobernador".

11:25 am. La *Suburban* serpentea por las montañas de Lerma. Grupos pequeños de cuatro o cinco personas se mueven en las inmediaciones de la carretera. Algunos llevan un cartel en las manos, otros una pequeña cámara fotográfica; los más, nada. Cuando ven pasar la camioneta y a los otros autos que la acompañan, hacen aspavientos con las manos y gritan una buena variedad de saludos. Al doblar un recodo se ve a una multitud que rodea un templete vacío coronado por un letrero enorme que reza: "Hagámoslo juntos" y con letras más pequeñas "Comité de Atención a Peticiones Ciudadanas". César Camacho desciende sonriente. Rápidamente es rodeado por los lugareños y entre pasos apresurados y parones súbitos se abre espacio entre la mancha humana hasta llegar al sitio donde tendrá lugar la ceremonia. El sol cae a plomo. Los sombreros y las sombrillas tratan inútilmente de proteger a

"La educación es el instrumento para la redención social..."

sus dueños. No obstante el calor, la alegría es fresca y contagiosa. Hay gente por todas partes: subidos en los gruesos tubos del drenaje que se están empleando para iniciar una obra que fue pospuesta por veintitrés años; están en las piedras de enfrente; sobre los techos de las pequeñas casas de más abajo; aglomerados entre las calles que desembocan en la placita Una profesora de cuarto año de primaria accede al presídium; se queja de la falta de agua al mismo tiempo que agradece las obras, especialmente el jardín de niños que se llamará "Adrián Ortega Monroy", y aprovecha el micrófono en la mano para pedir se continúen pavimentando 200 metros más de calle y se ayude a mejorar un mercado que está "muy perjudicado por el paso del tiempo". Por tercera ocasión en la mañana, César Camacho volverá a dirigirse a sus conciudadanos. Los alentará y se comprometerá con la suerte de esos lugareños que viven en la parte más alta de la montaña. **Esta es una comunidad alejada pero no por ello olvidada**, les dirá en algún momento que culminará en aplausos.

12:35 pm. El helipuerto de Ecatepec no es más que un llano grande con mucho pasto; atrás de una pequeña cerca metálica decenas de personas esperan que la mano tendida sea estrechada por quien ha cruzado valles, serranías y parte de la ciudad más poblada del mundo para ir a verlos. La comitiva sube a un microbús de asientos estrechos. En el trayecto llueven los informes gruesos y también los pormenores finos. Los funcionarios intercambian papeles, datos. El acto en el Deportivo "Siervo de la Nación", ya espera al gobernador. Son más de mil personas las que se encuentran ahí, abajo de una gigantesca manta amarilla. Al llegar el gobernador todos aplauden, silban y se levantan de sus asientos. El griterío es ensordecedor. El locutor encargado de conducir el acto tarda en hacerse escuchar. A las porras, vienen las matracas y a éstas les sigue el retumbar de los tambores. Están desbordados pues es fecha para recibir las escrituras que la Corett y el Cresem, organismos reguladores de la tierra, finalmente les darán. A la participación discursiva de los técnicos se suceden las expresiones de los beneficiarios. El gobernador baja del templete y se da a la tarea de entregar los documentos. Con evidente gusto, tomará el micrófono y expresará: **No basta tener los documentos que legalizan la propiedad de la tierra, habrá que crear empleos dignos; vamos a seguir trabajando para que el progreso no se quede en los discursos sino que se transforme en realidad para todos.**

El ejemplo comienza desde la cuna.

14:10 pm. Ya la multitud está caliente. Gruesas gotas de sudor perlan la frente de mujeres y hombres; los jóvenes se han organizado en grupos identificados por banderolas y distintivos de papel. Una voz metálica y profesional hace la presentación de quienes dominan el escenario desde un largo presídium que se alza sobre los numerosos asistentes a la colocación de la primera piedra del Colegio de Estudios Científicos y Tecnológicos del Estado de México. Un contingente femenino con evidentes características de provocación súbitamente levanta carteles y mantas; exigen la liberación de un reo. Corean consignas aprendidas y las gordas mujeres de hasta adelante, ajenas a la población estudiantil, al mismo tiempo que gritan también se ríen. No obstante, el acto se desarrolla con tranquilidad y entusiasmo. Una vez más en esta jornada, el gobernador César Camacho se hará oír ante una abigarrada concentración humana: **Hace 35 años que mucha gente venida de todo el país llegó a Nezahualcóyotl en busca de una oportunidad para vivir con dignidad. Convendrán conmigo en que la educación es el instrumento para la redención social. Desde entonces se han construido en promedio dos escuelas al mes, casi ochocientos planteles educativos. Esto no ha sucedido en cualquier otra parte de la nación. Con este, serán pronto diecisiete centros semejantes los que funcionen en el Estado de México...** Las filas de estudiantes, maestros, padres de familia se contonean al mismo tiempo que lanzan sus rítmicas porras al aire. Un profesor alisa sus canas y se dirige al templete

para reforzar los datos escuchados y establecer que el esfuerzo educativo ha sido motivo de felicitación en la Unesco y en otros foros internacionales.

15:55 pm. A lo ancho y a lo largo hay filas extensísimas de campesinos. Forman un cuadrado humano inmenso y bien compacto. Abajo de los sombreros de palma y las gorras están los habitantes de Analco, Santa Catarina, Ameyalco, Atarasquillo. Se han reunido para recibir los recursos que otorga Procampo. Ahí presente está José Antonio Medina Zazueta, subsecretario de Desarrollo Rural; también están otros funcionarios federales y estatales. Son muchos los oradores, aunque son más, muchos más, quienes escuchan. Ahí en esas sillas recibiendo sol y viento, los rostros curtidos han aguardado para recibir el apoyo y la palabra del gobernador: **Son más de un millón y medio los campesinos que viven en esta entidad y que han decidido serlo sin suponer que una fatalidad los ha llevado al campo. Es ésa su decisión, un modo de ser y una manera de ganarse la vida sacándole fruto a la tierra, con esfuerzo, trabajo y organización... ahora tienen el dinero para plantarlo en la tierra, para evitar problemas futuros, para lograr un rendimiento superior a las seis toneladas por hectárea...** Los campesinos reciben sus cheques; los técnicos les explican sobre la aplicación y los componentes de los fertilizantes; el programa de kilo por kilo; los planes de reparación de maquinaria agrícola. Mientras eso ocurre, algunos de los habitantes han seguido a César Camacho, quien se dirige hacia el helicóptero. Llegan hasta la escalerilla. El gobernador, rodeado de sombreros de palma, escucha peticiones y problemas de todo género; recibe y ofrece abrazos. Se

Palabras rociadas con música.

cierra la escotilla, y junto con dos colaboradores se dedica a la tarea de repasar los puntos que en la próxima etapa habrá de abordar. Durante unos minutos se impone el obligado receso que brinda un refrigerio el cual es aderezado por el intercambio de opiniones, cifras, listas de personas. Bien pronto se anuncia el descenso en donde tendrá lugar la instalación de uno más de los consejos consultivos económicos.

17:45 pm. El gimnasio de la ciudad deportiva en Nezahualcóyotl, convertido provisionalmente en foro, contiene a empresarios, ejecutivos y funcionarios como Juan José Guerra, secretario de Desarrollo Económico. El lleno es absoluto pues los estragos económicos de la crisis han sido enormes. De todas partes han venido los comerciantes, gerentes, inversionistas y dueños de negocios. Quieren facilidades fiscales, subsidios, estímulos. Entre ellos, César Camacho se hace escuchar: **No es posible tener una política de desarrollo que se dirija centralmente desde Toluca, por eso en los municipios, sobre todo en los más densamente poblados, debe haber una planeación local que dé resultados concretos tales como el hecho de que los cuarenta y cinco mil empleos perdidos durante lo más cruel de la crisis, ya los hemos recuperado y hemos ganado catorce mil más. No queremos que la planeación sea tarea exclusiva del gobierno; no queremos dictar nada autoritariamente, de este modo, el consejo consultivo es una herramienta de trabajo que puede facilitar fórmulas novedosas y creativas que permitan encontrar soluciones convincentes.** El hombre regresa al helicóptero; llegará a la Casa de Gobierno en Toluca donde le aguardan dos citas privadas, un acto público en la sala de conciertos Felipe Villanueva con el gobernador Rhee In Je de la provincia de Kyonggi en Corea del Sur y una cena con los dos gabinetes e invitados al convivio que declarará hermanas a las dos entidades. Es un día normal, lleno de trabajo enriquecedor y de retos constantes; como él lo esperaba cuando eligió al servicio público como vocación y destino.

Mariano Camacho acaba de cumplir siete años y como regalo le ha pedido a su padre que lo lleve a un día de trabajo. El gobernador accede gustoso y desde las 8:15 de la mañana, un niñito de pelo rubio y suéter rojo sube a la camioneta, se confunde entre los hombres de chamarra, y ya abajo, en medio de los actos, corre junto a su padre para poder subir a templetes y escenarios. Sufre los inevitables empujones y pisotones propios de una gira como cualquiera. Desde su pequeña estatura, su cuerpo padece mayores apretones y sus ojos enfrentan muchedumbres; grupos que no son muy cordiales como los que airadamente reclaman concesiones en el autotransporte, lugares en el ambulantaje o por el contrario, amables inauguraciones de escuelas y mercados. La gira continúa y él ya ha conocido sitios muy diferentes y climas opuestos. Del tempranero frío toluqueño al calor sofocante de las doce del día en Metate Viejo, allá en Tlalmimilolpan, han transcurrido ya casi cuatro horas. A Mariano empieza a ganarle la sed y el cansancio. Sin mucho pensarlo se dirige hacia la espalda de su padre para expresárselo; le jala la camisa y parece ignorar que en esos momentos el gobernador, desde un pódium, se dirige micrófono en mano a unos trescientos habitantes del lugar. El niño tira aún más y no faltan los ayudantes que se precipitan para separarlo. César Camacho hace un gesto disuasivo, y mientras continúa hablando con la mano libre busca la cabeza del menor, la encuentra y comienza a atraerla hacia él. La acaricia y se la pega a la cintura. Mariano se reconforta momentáneamente y el discurso sigue sin la menor interrupción.

No Sólo son Bellas, también dan Dinero

Villa Guerrero

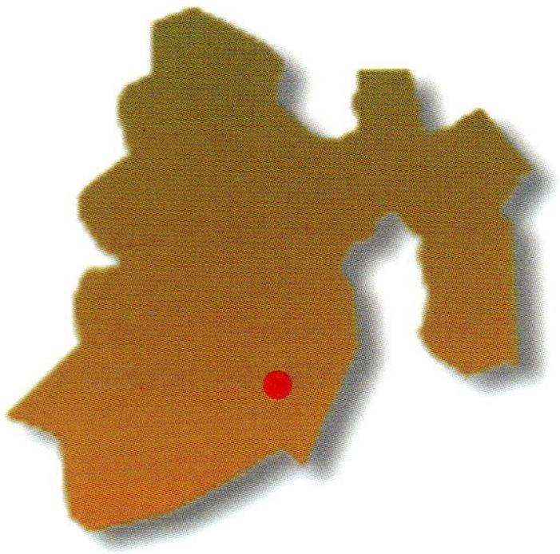

Vive rodeado de flores. De las flores vive y las flores viven por y para él. A ellas se ha dedicado desde que el horror de vivir en la ciudad de México lo orilló a buscar una actividad y un lugar sin cemento ni tensiones. Primero viajó al extranjero para informarse cómo se hace un invernadero; luego encontró la manera de financiarlo y después, con ahínco, se dedicó al asunto hasta hacerse un próspero exportador y presidente de la Asociación Nacional de Productores de Flor bajo Invernadero (Asproflor).

Ernesto Klein vive en Villa Guerrero, su andar es pausado y con ritmo informal como su ropa de campo. Su mirada es clara y penetrante; sólo se ve nublada de tanto en tanto por los cigarrillos que disfruta como único vicio. Sabe que el Estado de México es el primer productor de flo-

La belleza también pesa.

Inmensos rosales que superan a quien los plantó.

res en el país como también está consciente de que ahora el mercado consumidor está más allá de nuestras fronteras. Hasta finales de 1994, prácticamente toda la flor que se producía se destinaba al mercado interno. Eso cambió ante la presencia de una crisis económica dilatada. Los productores vieron que su única salida era exportar y ahora, sólo un par de años más tarde, los términos se han invertido: el veinte por ciento de la producción es de consumo interno y el resto, ochenta por ciento, se vende en el extranjero, concretamente en Estados Unidos y Canadá.

Todas las variedades de flores son diferentes. La reina de las flores es la rosa y se consume en un sesenta por ciento mundialmente. Después vienen otras variedades como lilis, gerberas, crisantemos, claveles y muchas otras de cultivo en invernadero. Hay otras que se cultivan al aire libre, no necesitan techo porque no son vulnerables al clima, al sol o a la lluvia.

El ciclo de la rosa es el siguiente: primero se necesita un terreno específico que cuente con el agua suficiente y una capa de humus aceptable. En segundo lugar construir un invernadero con la rigidez necesaria para soportar los vientos, que en esta zona

Lo efímero resguardado por la tecnología.

pueden llegar a los setenta y cinco kilómetros por hora, y con cubierta plástica, que es la manera más barata de techar un invernadero. Por la situación geográfica del país no necesitamos mayor cubierta que un plástico, no como en otros países en donde se usa vidrio o fibra de vidrio, que es más caro. Después hay que adecuar el suelo. Éste debe ser enriquecido, previo análisis químico, con diferentes materiales y estos ingredientes se convierten en humus, que es el sustrato que necesita cualquier planta. En el rumbo estamos acostumbrados a adicionarle a la tierra, en cantidades importantes, cáscara de arroz o de café, bagazo de caña, molido de res seca y desinfectada, sobrantes de champiñones y corteza de árbol. En algunos casos se usa el desperdicio del coco.

Estos ingredientes se mezclan muy bien a cierta profundidad en el terreno. Acto seguido se planea el invernadero con la elaboración de las "camas" que es la superficie donde se van a plantar los rosales. El diseño tiene que ser funcional. Luego se plantan los rosales y se empieza con el cultivo: la fertilización, el riego que tiene que estar muy bien diseñado. Y conforme van creciendo las plantas se les tiene que poner una estructura de sostenimiento: el rosal es una planta muy alta, llega en algunos casos a los tres metros de altura. Hoy en día hay métodos de cultivo que permiten que la planta sea más baja para que la mano de obra no tenga problema para cosechar la flor.

Las variedades de las rosas deben ser cuidadosamente seleccionadas porque, al igual que todo, están sometidas a la moda. En las flores se trata de colores y de la calidad del botón de la rosa. Un invernadero tiene que tener una selección de colores lo más ideal posible para surtir al mercado adecuadamente. Y esto rige prácticamente para cualquier cultivo. Las plantas provienen de productores foráneos. Tenemos proveedores en Holanda, que es el país número uno en floricultura, Francia, Israel, Estados Unidos y muy pocos en América del Sur. Seleccionamos perfectamente nuestras variedades que tienen un nombre particular, bajo el que se comercializan mundialmente. Por ejemplo, hay una rosa blanca que en este momento está de moda en todo el mundo que se llama *Océana*. Si el cliente en el extranjero pide *Océana* ya sabemos exactamente a qué se refiere.

El rosal tiene una vida productiva rentable de seis años. Durante ese lapso las plantas deben ser cultivadas

Proceso de limpiado, refrigeración y empaque.

También se cultivan lilis, gerberas, crisantemos...

adecuadamente para que produzcan lo que esperamos de ellas. La producción se calcula por tallos anuales por metro cuadrado. Hay un límite inferior que debemos mantener para que sea rentable el cultivo. Es decir, siete plantas aproximadamente por metro cuadrado que tienen que producir en un año ciento cuarenta tallos.

El clima de la región es propicio para el cultivo de flores. Tenemos dos grados más que el DF, en promedio, al año, y ello se debe a que estamos en un corredor agrícola de más o menos doscientos kilómetros de ancho que atraviesa desde el Golfo hasta el Atlántico. En esta zona es donde más productos se producen, desde Veracruz hasta Oaxaca. Tenemos una altura ideal, dos mil metros sobre el nivel del mar, para el cultivo. En un clima más cálido se producen flores con más color. La flor de invernadero de estas alturas y variedades dura quince días, que se cuentan desde el corte hasta el comprador final. Eso no pasa con una flor cultivada en clima caliente.

El Precio de una Rosa

Existe una enorme competencia a nivel mundial, sobre todo de parte de Colombia y Ecuador que producen aproximadamente el cuarenta por ciento de las rosas que se consumen mundialmente. Según la cantidad que estos países exportan al mercado estadunidense –específicamente a Miami donde está el centro de distribución– se fija el precio del día. Actualmente, el precio que recibe el productor en México es de .16 centavos de dólar por tallo, incluyendo la caja y todo el procedimiento hasta el aeropuerto. El costo de manejo de caja por flor es de aproximadamente 3 centavos. El precio neto que recibe el productor es de alrededor de 13 centavos. A finales del otoño e invierno en los países del norte se acaba la producción local y entonces hay, automáticamente, un desabasto de flor por lo que su precio sube. En invierno los precios de la flor mexicana pueden subir hasta 35 centavos netos. En las fechas pico éste puede elevarse hasta 1.00 o 1.10 dólares. Lo cual quiere decir que si se vende a un dólar más los gastos de transporte de Estados Unidos y derechos de importación, la utilidad del mayorista, del medio mayorista y del detallista puede llegar hasta 6 o 7 dólares por tallo, es decir, unos 42 pesos por flor.

Nos Están Llevando a los Extremos

Zinacantepec

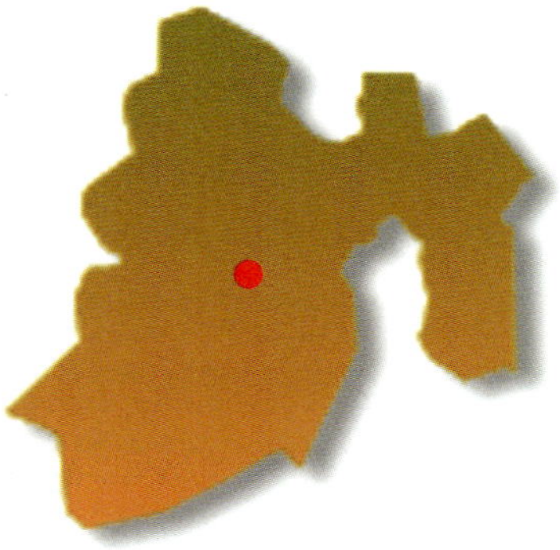

Cuando salí de la universidad empecé a investigar un libro que se llamó *Ciento cincuenta años de la educación en el Estado de México.* Eso me abrió muchas expectativas. Me animó a continuar mis estudios; primero me fui a realizar un posgrado a España, luego a Inglaterra. También me invitaron a trabajar en Hungría.

Cuando volví al país ingresé al Colegio de México donde cursé mi segundo doctorado en historia de México, el primero fue en historia de América y de España. Tuve muy buenos maestros. Me recibí con una tesis que tuvo la suerte de ser premiada por el Banco Nacional de México, con el premio Atanasio G. Sarabia a la mejor historia regional.

María Teresa Jarquín.

Siendo secretario de Educación del estado Emilio Chuayffet me propuso que diera unas asesorías a la Escuela Normal Superior del Estado de México. Después él mismo me planteó la idea de crear un colegio a imagen y semejanza del que me había formado. Siempre tuve deseos de regresar a mi estado. Fue un estado que confió en mí y siempre quise retribuirlo. La primera beca que tuve fue una beca del estado. Se me ofrecía la oportunidad de regresar a mi estado para retribuir, no para pagar porque eso no es posible, y así inicié la tarea de fundar el Colegio Mexiquense. El primer equipo de trabajo de historia estaba integrado por cuatro personas, entre ellos el maestro Fernando Rosenzweig, un hombre de primera, originario de esta región. Y busqué a los "tolucos" como la maestra Rosaura Hernández, también originaria de Toluca, que trabajaba la época prehispánica y que había sido la persona que me había introducido al mundo prehispánico. El maestro Rosenzweig para el siglo XIX y XX, para la primera parte del XIX y el XVIII pensé en un compañero del Colmex que

El Colegio Mexiquense ha obtenido premios y reconocimientos.

entonces estaba en el Colegio del Bajío, ecuatoriano, el doctor Manuel Miño, y formamos el primer equipo del Centro de Estudios Históricos del Colegio Mexiquense. Esto fue en 1988. Estamos a punto de cumplir los diez años. Contratamos personal, secretarias, técnicos académicos, etcétera.

¿Cómo está organizado el Colegio Mexiquense?

A diez años de haberse fundado el Colegio Mexiquense se ha transformado en un centro de excelencia; de los veintitrés investigadores que laboran de tiempo completo, el setenta y uno por ciento pertenece al Sistema Nacional de Investigadores (SNI). Las áreas de investigación son sobre salud y educación, demografía, industria y desarrollo urbano, historia y antropología. La mayoría de los investigadores son doctores de reconocido prestigio.

A diferencia de los demás, el Colegio Mexiquense se fundó con jóvenes que empezábamos a sentar las bases de nuestra carrera académica. Yo siempre dije que el prestigio de este gran colegio tendría que salir de esos jóvenes, y a diez años de distancia puedo decir que ya lo tenemos. Es un colegio muy bien consolidado. Hemos obtenido muchos premios, menciones, el reconocimiento de grandes funda-

El Colegio Mexiquense ha estudiado el Códice de Techialoyan.

ciones como la Ford, que nos ha dado becas; la Rockefeller, que nos ha permitido realizar estudios sobre demografía; Unicef que paga los pasajes de avión para que los especialistas del Colegio vayan a dictar conferencias sobre educación. Uno de nuestros investigadores que se especializa en cuestiones de la iglesia en México fue invitado al Vaticano como asesor. La Biblioteca del Congreso de Estados Unidos invita con frecuencia al doctor Noguez que es especialista en códices. Se han formado doctores a quienes

Reunión de seminario.

hemos enviado a la London School of Economics, a la Universidad de Exeter, a España. A diez años de su fundación la planta de investigadores se ha reafirmado.

Respecto a nuestras publicaciones, hemos editado alrededor de ochenta títulos en coediciones con FCE, Siglo XXI, el Colegio de México, la UIA, la UAEM, el Colegio de Michoacán, el CEMCA, los ayuntamientos del Estado de México: Chalco, Metepec, Aculco; con secretarías de estado.

El Colegio actualmente tiene una maestría en ciencias sociales con especialidad en desarrollo municipal. Esta maestría está dentro del padrón de excelencia de Conacyt. Pertenecemos al padrón de excelencia porque tenemos un porcentaje de casi el cincuenta por ciento de alumnos que terminan los estudios con título. Nosotros nos hemos preocupado porque los estudiantes se gradúen.

Creo que la crítica es una de las funciones más importantes que tiene alguien que aspire a ser intelectual. Yo

creo que muchos de los que están en el poder no se dan cuenta de la trascendencia de sus actos hasta que ven una crítica impresa en papel. Se asustan. El historiador registra la historia y al registrarla tiene que tomar un punto de vista. Para eso sirve la historia. Toynbee decía que aquel pueblo que no conoce su historia la repite. Por esa razón muchas veces nos llaman como asesores en diferentes dependencias. Si no conocemos nuestras tradiciones, nuestra historia, no sabremos defenderlas.

EXTREMOS DE POBREZA

La crisis está llegando a límites terribles en el país. Decimos que estamos combatiendo la pobreza con programas y proyectos, pero no nos damos cuenta de que nosotros mismos estamos llevando a la pobreza extrema a mucha gente. Me aterra ver las decisiones administrativas que se toman sin considerar otros aspectos como el social; por eso se ha criticado siempre en México a los tecnócratas. Sus decisiones llevan a la población a extremos de pobreza y ésta conduce a la delincuencia y a crisis como la que estamos viviendo. México, cada fin de milenio, tiene una pequeña revolución, y digo pequeña porque no quiero hablar de grandes revoluciones.

Nos están llevando a extremos muy grandes. Y pienso en zonas marginales como Ecatepec, Coacalco, Naucalpan, Chimalhuacán, la migración. Por otro lado, se desconocen cuestiones básicas. Por ejemplo, no es lo mismo tratar con indígenas otomíes que con indígenas que vienen del mundo náhuatl. La diferencia entre ellos es su espíritu; los españoles no notaban ninguna diferencia entre el *tlatoani* y el *macehual*, y esto se sigue dando hasta la fecha.

La Pobreza es un Estado Mental

Chalco

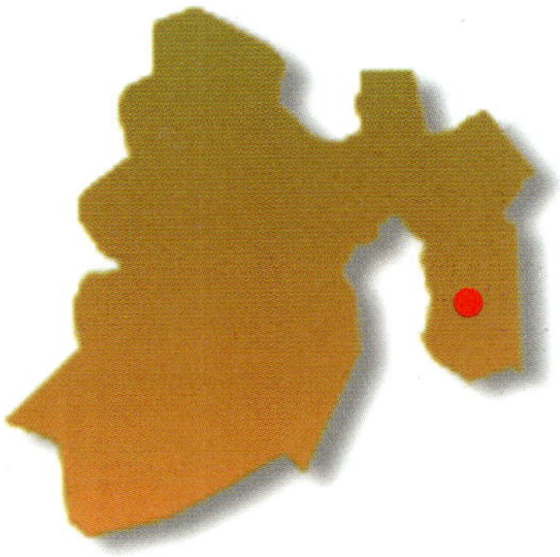

A principios de 1990, en la víspera de la segunda visita del Papa Karol Wojtyla a México, alguien sugirió que el personaje debiera oficiar una misa en un sitio realmente pobre –mejor aún– en un paraje que diera lástima por su marginación. Las proposiciones sobraron pero un lugar daba escozor por el cúmulo de carencias. No tenía energía eléctrica, como tampoco agua potable. Por supuesto, ni calles ni escuelas ni mercados ni nada. Tan sólo casuchas, charcos de agua hedionda, basureros y mucha tierra tepetatosa. Chalco se llamaba y Chalco se preparó para recibir al hombre del Vaticano.

Junto con los preparativos se propuso que un grupo de niños le cantara al Papa, pero en polaco, su lengua materna. En ese entonces, el maestro Lesek Zawadka regresaba al país después de dos años de ausencia. Hasta el Conservatorio Nacional de Música llegó su amiga Pilar Rioja para proponerle que se hiciera cargo de encontrar y preparar un pequeño coro infantil para realizar la hazaña. Contra toda lógica y en un tiempo cortísimo, el coro quedó integrado y, llegado el momento, después de vencer todos los temores y acallar los nervios, los niños entonaron una canción cracoviana ante quien había nacido en esa región de Polonia, también había sido su obispo y ahora vestía la tiara de San Pedro. El Coro de los Niños Cantores de Chalco había nacido.

Una vez que el Papa se fue, los lazos entre los niños y su maestro se

Maestro Lezek Zawadka.

Ensayo general.

robustecieron. Rechazaban lo mismo las horas de encierro frente al televisor que las tentaciones de la drogadicción infantil y las actividades que les ofrecía la iglesia. Doña Teresa Urbina, madre de uno de los niños, se dio a la tarea de que el coro continuara. Recabaron voluntades y se formó un Comité de Padres de Familia que animó al maestro Zawadka a seguir, siempre y cuando su aportación fuese, como sigue siendo, gratuita.

Corrieron la voz, llegaron algunas aportaciones... y el Coro se consolidó. En la actualidad el Instituto Mexiquense de Cultura les brinda apoyo y los ampara oficialmente el Ayuntamiento de Chalco. El grupo ya ha realizado giras nacionales e internacionales. En 1993 fueron a Rusia y a Polonia. Han convivido artísticamente con los coros de Silesia y con los grupos infantiles de ballet de la televisión rusa. En Varsovia ofrecieron un concierto muy importante en el Club de Empresarios y en no pocos lugares terminan sus presentaciones con la gente aplaudiendo de pie. En la actualidad, es prácticamente el coro infantil de Bellas Artes. Cuando hay ópera y se requiere un coro, son llamados. Si la Sinfónica presenta alguna obra que necesite coro infantil, son vueltos a llamar.

Al coro lo forman casi sesenta niños. El menor tiene sólo seis años y la mayor cerca de dieciocho. No ganan un sólo centavo pero reciben gratis clases de piano, guitarra, solfeo, danza, Tai Chi, tienen taller de lectura y de actuación. Se les dan dos uniformes al año y los instrumentos didácticos como libros, discos, estéreos, pizarrones, etcétera, que les proporcionan los apoyos oficiales.

Maestro Lezek Zawadka

Vivo de mis conciertos; soy profesor titular del Conservatorio Nacional de Música y en este año gané una beca del Fonca. Gano poco pero tengo muy pocos gastos.

El proyecto me rebasó porque nunca fue mi idea alcanzar logros artísticos. Mi idea, y es el principal objetivo de mi trabajo, es crear conciencia de la dignidad humana entre estos niños y en sus padres, a través de la música. La pobreza no es sólo un estado económico, es sobre todo un estado mental. Son autolimitaciones que la gente se pone. Estos niños del Coro ya no las tienen. Saben que trabajando, no importa dónde, y sin complejos se puede llegar a cualquier parte.

Es difícil predecir si alguno de ellos va a sobresalir en este ambiente. De los chiquitos es más difícil decirlo aún porque una cosa es el talento –que muchos tienen– y otra es saber cómo se va a desarrollar, cómo va a crecer su psique. Probablemente uno o una de los más grandecitos lo hagan. Sin embargo, creo que el error principal que se comete en la música y en todas las artes, es olvidar su papel educativo. Para mí, el despertar y acrecentar la conciencia de la dignidad humana es lo importante.

Este es uno de los pocos coros infantiles que canta tanto la música llamada clásica como la popular. Ya hemos grabado dos compactos y este año grabaremos otros tres. Uno va ser dedicado a la música navideña, otro a la religiosa, desde el barroco a nuestros días, y el último será de música popular infantil.

VERÓNICA VALDÉS

Yo estoy en el Coro desde el principio. Las catequistas nos comentaron que iba a haber una audición para formar un coro para darle la bienvenida al Papa. Fui a la audición, escucharon mi voz, el ritmo con las palmas. Al poco tiempo me enteré de que había sido seleccionada. He aprendido muchísimo. Desde cómo quererme a mí misma, al lugar y al país en donde vivo, cómo amar la música. Nos han llevado a conocer varios lugares de la República, como Guanajuato, Toluca, Michoacán, Puebla. También hemos ido al extranjero, a Rusia, Polonia. Estoy en tercero de preparatoria y cuando comencé estaba en sexto de primaria. Destino un tiempo a la escuela y otro para el coro, vengo cada tercer día de cuatro de la tarde a las siete y treinta de la noche.

Los sábados tenemos danza, solfeo, Tai Chi. Soy la primera voz junto con otros compañeros. Soy de las mayores, y en el futuro pienso dedicarme a bailar clásico y moderno. Mi familia me apoya muchísimo. Tratan de asistir a todas las juntas, de ir a los conciertos y de empujar al Coro en todo lo que pueden. Los vecinos también nos respetan y quieren.

¿Pavarotti o Pelé? Pronto tendrá que decidir.

SALVADOR GUZMÁN

Tengo doce años de edad y cuatro en el Coro. Me gusta mucho y he aprendido bastante. Estoy en primero de secundaria. Junto con otros formo parte de lo que llamamos la primera voz. Cuando crezca seré cantante y tocaré algún instrumento. Me ha emocionado muchísimo cantar en Bellas Artes. Bueno, también cantar en Rusia canciones mexicanas para hacerlos vibrar con lo nuestro.

MAESTRO ANTONIO SUÁREZ

Nada es improvisado. Entrenamos muy bien a los niños con trabajo arduo y después cosechamos los frutos. Les enseñamos a controlar los nervios que provoca cualquier escenario a cualquier artista. Yo me encargo de la dicción, de organizar los conciertos, de su comportamiento en escena, de la actuación. Ya hemos trabajado Turandot de *La Bohème*; algunas cantatas musicales como *Carmina Burana* y hemos montado un concierto con Fernando de la Mora, María Luisa Tamez, Eugenia León y la Orquesta Sinfónica.

Estos niños cantan en latín, alemán, francés, polaco, italiano, napolitano, náhuatl, purépecha, hebreo, yiddish y, por supuesto, español. Asombra la rapidez con la que aprenden los idiomas.

Uno de los requisitos para ser miembro del Coro es que los niños tengan muy buen promedio en sus calificaciones escolares, ocho es el promedio mínimo. Estudian mucho y eso es muy positivo pues les queda muy poco tiempo para perderlo frente a la televisión, eso les ha permitido acceder pronto y bien a la disciplina. Cuando trabajamos en *Carmina Burana* con el maestro Diemecke no faltaron los comentarios diciendo que ojalá el coro de adultos se comportara con la misma madurez.

En breve, durante sus vacaciones, iremos a Holanda. De ahí que pronto tengamos que trabajar todos los días, y ya allá les combinamos el trabajo con una especie de turismo cultural. Desde luego, son niños y les procuramos también la diversión.

Cuando el niño está en la etapa de cambio de voz, nos esperamos un poco para adaptarnos a su nueva tesitura. Para ellos hay lugar en el Coro mientras se les normaliza la voz; entran a una pequeña orquesta de percusiones. *La misa mestiza* requiere de una serie de instrumentos que ellos pueden muy bien tocar. A nadie que tenga aptitudes, disposición, disciplina y ganas lo rechazamos. A todos les encontramos acomodo pues sabemos que lo merecen. Somos nosotros los adultos los que debemos encontrar las soluciones. Ellos nunca son parte del problema.

El cuarzo

Era el primer silencio intacto y puro.
Como cuarzo salido de las ruinas,
de los ruidos opacos y de las voces muertas,
como frágil yedra entre las rocas,
como el que ignora de qué está hecho
cuando de sí mismo nace y se sustenta.

Jaime Torres Bodet, *Obras escogidas.*
FCE, Letras Mexicanas,
México, 1961.

Comenzamos desde mero abajo

Lerma

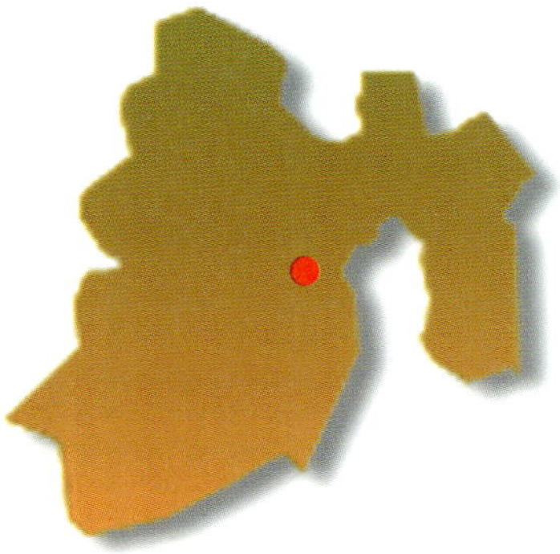

UNIFORMES **Empresariales, S.A. de C.V. se inicia hace más de treinta y cinco años. Cuando mis hijos eran muy pequeños, y con el deseo de superarme, empecé a vender ropa. Así conocí el ramo. Después me entusiasmaron a comprar una máquina tejedora. Y empecé a hacer diseños de vestidos. Esto lo hacía en mi casa. Contraté a una persona para que manejara la máquina.**

Después compré telas y empecé yo misma a cortar. Contraté a un cortador y así se formó un pequeño taller en

Muestra del empeño empresarial.

Alicia Llovet de Nieto

el departamento en el que vivía. Acondicioné hasta las recámaras. Entonces hubo necesidad de salir a la calle.

Abrí una pequeña boutique en las calles de Gutemberg donde instalé otro taller. Como las necesidades de nuestros clientes nos exigieron más espacio, conseguimos un local en la colonia Guerrero que acondicionamos de acuerdo con nuestros requerimientos. Todavía éramos una empresa pequeña.

¿Cuándo empezó a fabricar uniformes y por qué? Usted ha dicho que fabricaba ropa elegante y única. El uniforme, en cambio, por definición tiende justamente a la uniformidad. ¿Cómo llegaron a esto?

La demanda de éstos fue mayor que la de la otra ropa y marcó nuestro rumbo. La aceptación que tuvieron nuestros uniformes en el mercado hizo que el negocio se desarrollara hacia esta vertiente.

¿Cómo empiezan a fabricar masivamente la ropa?

Lo que nos ocurrió fue que primero adquirimos el compromiso de trabajar con empresas grandes y después nos pusimos a pensar cómo hacerle para cumplir. En ese momento empezamos a fabricar en cadena. Hace unos nueve años fue cuando le dimos una proyección mayor a nuestra empresa.

El diseñador que aspira a competir con los grandes.

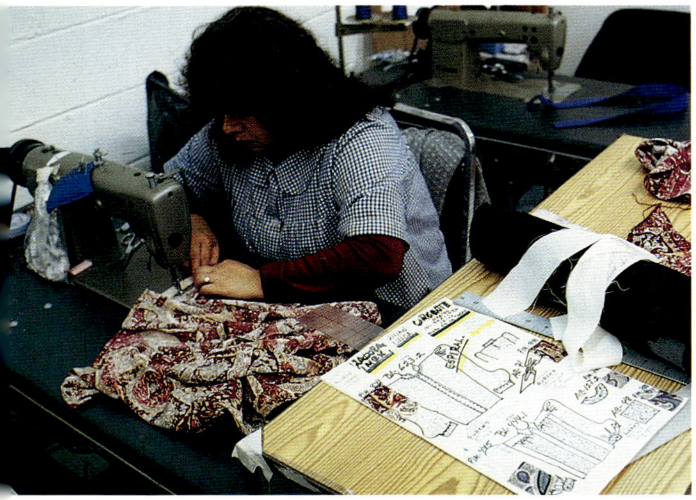

Apurada en la confección de muestras.

El taller que teníamos en la colonia Guerrero nos planteaba ya muchos problemas de espacio, además de que se nos empezaban a presentar problemas con el personal que trabajaba para nosotros. Desafortunadamente en México la gente está muy maleada. No queríamos tener problemas con sindicatos ni con el personal. En México los terrenos son muy caros; además, en este ramo hay mucha rotación porque los demás talleres se "piratean" al personal. Ante estos problemas decidimos buscar un lugar tranquilo y donde el gobierno ofreciera incentivos; donde nuestra empresa representara una nueva fuente de trabajo para la gente del lugar. Muchos de los trabajadores que nos siguieron ya han hecho su vida aquí en Lerma. No todo el mundo se quiso venir con nosotros y como no podíamos dejar de producir, todavía nos tuvimos que quedar como dos años más en la ciudad de México. Poco a poco fuimos cambiando operaciones a este taller hasta que nos jugamos el albur y nos trasladamos con todo lo que quedaba del taller en México.

¿Cuántos departamentos tienen?

El departamento de diseño, corte, costura, almacén, el departamento administrativo, de ventas y compras y la dirección de la empresa.

¿A cuántas personas emplea?

Somos cerca de 175 personas las que laboramos en la empresa.

¿Cuáles son sus planes?

Ya tenemos una sucursal en Monterrey, N.L. y hay planes para abrir otra en Jalisco.

¿Quiénes se cuentan entre sus clientes?

Pedro Domecq, Banamex, Provincial, Bancrecer, Cervecería Moctezuma, Bancomer, en algunas plazas, sobre todo en Monterrey, Saltillo, Monclova. Trabajamos para Hacienda, con el

Tribunal de Justicia del Estado de México. Hemos hecho uniformes para Mexicana y Aeroméxico y otras líneas aéreas pequeñas como Aeroperú. Para exportación maquilamos traje ya que nuestros precios ahora son muy competitivos. Apenas estamos conociendo todo lo que implica exportar; estamos en el proceso de conocer este campo. Creemos que para emprender cualquier negocio hay que estar preparados.

¿Tiene mucha competencia?

Lo que vendemos no es un producto que se compre muchas veces al año. Así es que somos pocos los que nos dedicamos a esto pero sí hay competencia. Las grandes empresas hacen una compra al año y todo el pedido se lo dan a un proveedor, ésa es la diferencia. Aquí no hay segundos lugares, el proveedor que gana el pedido no deja oportunidad para los otros.

El control de calidad es indispensable.

¿Cuáles son sus grandes satisfacciones?

El darle trabajo a mucha gente que se está superando, saber que nuestro producto es aceptado, que no somos conformistas y que siempre estamos luchando por mejorar. Amo a mi familia entrañablemente; amo a mi patria y ese granito de arena que estoy poniendo es muy importante. Es muy satisfactorio ver a los trabajadores que ahora mane-

jan tecnología y que antes eran muchachitos que sólo cargaban bultos. Hemos evolucionado a la par de nuestro equipo humano.

¿Cómo los ha tratado el Estado de México?

Puedo decir que todo es muy diferente a la capital. Los trámites son mucho más fáciles de realizar. La gente atiende de buen grado, y eso es algo muy importante. No hemos estado expuestos a la corrupción con ninguna autoridad. Hemos encontrado inspectores intransigentes pero nunca hemos sido extorsionados. Vivimos muy tranquilos aquí en Lerma. No nos molestan los sindicatos, no nos molestan las autoridades y nos dedicamos a trabajar.

Cuenca Industrial

Con más industrias, fábricas, empresas y talleres que ninguna otra región del país, el Estado de México cuenta con una vasta cuenca en donde anidan las grandes chimeneas, los inmensos techos abombados de cemento, los permanentes chirridos de tornos, fresadoras y escobetillas. En los municipios de Naucalpan, Tlalnepantla, Ixtlahuaca, Ecatepec y Lerma, entre otros, la concentración es como un hormiguero desventrado. Los trabajadores y obreros forman una creciente marea que todo lo domina.

Las firmas transnacionales de autotransporte, química, medicina, comunicaciones, alimentos e informática están aquí y allá. Los corredores industriales albergan a las cerveceras venidas del norte y del Golfo; las acereras y las vidrieras se ensanchan territorialmente y crecen en ventas; las colchoneras, jaboneras y textileras se arrejuntan y planean la exportación individual, por ramas o en paquetes. Entre toda esa febril actividad, como en el caso de otras, hay una empresa media que sin tener franquicias o ser sucursal de alguna firma poderosa, es una muestra del crecimiento con empeño sostenido que caracteriza a muchos connacionales.

Los trabajadores y obreros forman una creciente marea.

Observar el Cielo te Hace ser Humilde

Chapa de Mota

Llegar a Chapa de Mota es una delicia. El verde intenso de sus campos precede a una serie de construcciones armónicas, limpias y de gran sabor en su plaza principal donde se arremolinan vendedores de artesanías, pequeñas fondas y tiendas que huelen a tiempos pretéritos mejores. Subir, en cambio, la empinada brecha que lleva hasta el observatorio, es toda una hazaña de *boy scout* maduro. El motor del auto empuja con evidente esfuerzo, las llantas patinan y las piedras saltan de un lado y otro.

Allá arriba se encuentran los miembros de una agrupación de abolengo. La Sociedad Astronómica de México es una asociación civil no lucrativa que fue fundada en el año de 1902 por el físico Luis G. León, un entusiasta de la observación del cielo, cuya finalidad es la divulgación de la astronomía. La asociación ha funcionado desde entonces gracias a las cuotas y donativos de sus miembros. En el caso concreto del observatorio en Chapa de Mota, contaron con el apoyo de uno de los suyos, José López Portillo y también con el doctor Jorge Jiménez Cantú, quienes obtuvieron para la sociedad la cesión del cerro donde se encuentra ubicado el observatorio. Pero todo el conjunto de telescopios, las cúpulas, el material de trabajo: todo, ha sido elaborado y proporcionado por los miembros de la Sociedad Astronómica. La parte óptica ha sido preparada y pulida en los talleres de sus miembros y, naturalmente, el costo de los materiales fotográficos y de los procesamientos de cómputo es generado por ellos.

Los integrantes de esta sociedad son aficionados. Los astrónomos de carrera se forman en la UNAM, en la facultad de ciencias. En los últimos semestres de la carrera de física se opta por la especialidad en astronomía y más tarde se realizan posgrados en universidades extranjeras para obtener el título de doctor en astrofísica. Tal recorrido ha fructificado en cincuenta y cuatro astrónomos profesionales excelentes. Son, sin embargo, los aficionados los que mayoritariamente –en el mundo– encuentran los cometas. Los astrónomos de carrera se dedican a estudiar una parte del cielo y no se mueven de ahí. Los aficionados, sin esa exigencia, observan por todos lados. Además, los telescopios gigantes, profesionales son muy solicitados por los astrónomos de muchas universidades y tienen que esperar mucho tiempo para tener su lugar y tiempo de observación que, generalmente, es limitado.

Los aficionados, por su parte, disponen de sus aparatos tanto como les plazca y gozan de ellos muchas más veces que los profesionales . De ahí que nuevas galaxias, cometas y otros planetas sean inicialmente descubiertos por jóvenes estudiantes, vendedores de autos, químicos y hasta secretarias que en todo el orbe son fieles aficionados del cielo y sus confines.

De formas rápidas y de evidente perfil sanguíneo, Francisco Mandujano, director de la Sociedad Astronómica Mexicana, apunta:

Primero hay que saber qué se quiere observar. Durante el día se pueden ver los cambios en la actividad

Puede uno regocijarse noches enteras contemplando el cielo.

solar, y relacionarlos con la actividad atmosférica. Se puede saber si va a haber una llamarada solar para prevenir a los astronautas para que se cubran, si están fuera de la nave, con una casco especial que tiene un recubrimiento de oro para proteger el cerebro. Pero para la observación nocturna se requiere saber qué área de observación interesa. Hay observación de estrellas dobles, de galaxias, de estrellas variables, de cúmulos globulares y está el área fotográfica. En esta área tenemos dos subdivisiones: la fotografía a través de medios electrónicos empleando los dispositivos ccd´s, semejantes a los que se usan en las cámaras de video, y esta imagen es posteriormente procesada mediante un programa de computadora para ser analizada y obtener la información para estudio.

¿Y en el caso de un aficionado que no tiene acceso a estos grandes aparatos y quiere observar el cielo, qué puede hacer?

Si se quiere observar un panorama amplio se pueden usar unos binoculares. Si se quiere ver la luna, sus detalles, o el sol o los planetas, se necesita usar un telescopio de gran distancia focal, que permita mayor amplificación. Si se quieren ver grandes cúmulos de estrellas, o hacer observaciones de la Vía Láctea o de nebulosas, se necesita un telescopio muy luminoso, es decir, de gran diámetro pero de poca distancia focal, que permita una relación grande de luminosidad.

¿Cuál telescopio es mejor para observar: el telescopio largo y delgado o el ancho?

Depende de qué se quiere observar. El diámetro del telescopio es semejante a la boca de un embudo: mientras más grande sea ésta podrá recibir mayor cantidad de luz y tendrá mayor definición. A mayor longitud del telescopio será mayor el aumento del objeto que se observa pero tendrá menos luminosidad. Por tanto, es necesario balancear la cantidad de luz necesaria con el aumento, dependiendo de lo que se necesite observar. Lo conveniente es tener dos telescopios: uno muy luminoso y otro que permita grandes aumentos para el sistema solar.

De la luna podemos observar detalles hermosísimos. Es maravillosa cuando se observa a través del telescopio y puede uno regocijarse durante noches enteras durante casi todo el ciclo lunar, excepto cuando hay luna llena porque no se puede ver nada ya que no hay diferencia entre luz y sombra que es lo que permite observar con detalle la altura de las montañas, la profundidad de los cráteres, en fin.... El telescopio con el que contamos en el observatorio permite hacer observa-

El observatorio de Chapa de Mota ha contribuido al estudio del cielo.

ciones maravillosas de la luna, tanto con el foco corto como con el largo. Se puede decir que se tiene casi al alcance de la mano.

¿Qué aportaciones ha hecho el observatorio de Chapa de Mota?

Hemos realizado un estudio fotográfico muy amplio del cielo del hemisferio norte. Contamos con una catálogo de galaxias, de nebulosas y de regiones estelares amplias tomadas con nuestra cámara Schmidt, y además con un estudio fotométrico de distintas estrellas que se pueden observar en nuestra latitud.

¿Cuánto tiempo tiene en esto?

Mi afición nació después de que tuve la fortuna de observar a simple vista siete cometas. Mi padre me motivó para que aprendiera sobre las constelaciones y cómo observar el cielo. Esto me ha hecho pensar que debe haber vida en otros lugares.

Creo que es un gran egoísmo considerarnos los únicos. Aunque viendo cómo se ha comportado la especie humana a través de los siglos, tal vez podamos decir que quizá somos un error de la naturaleza, la que ante tanto acierto de vez en cuando tiene que cometer alguna pifia. Probablemente, si existe otra civilización debe estar lo suficientemente lejos para que el ser humano no llegue a destruirla como ha hecho a lo largo de su historia con tantas otras cosas.

LEOPOLDO URREA REYES

Ingeniero Leopoldo Urrea Reyes, presidente de la Sociedad Astronómica, ¿cómo llega a ocupar este puesto?

Para ser presidente se requieren muchos años de servicio. Se comienza como socio. Para serlo hay que construir un telescopio o asistir a un curso y que los maestros avalen que se tiene vocación para ser astrónomo. Hay que pasar por el taller de óptica para entender los principios y conocer los instrumentos fundamentales que van a servir de herramienta cuando ya se esté al servicio de la sociedad.

¿Con cuántos miembros cuenta la Sociedad?

Somos setenta miembros activos más treinta que después de veinticinco años dejan de pagar cuotas, siguen siendo activos pero tienen otras concesiones. Los socios juveniles pueden ingresar a la Sociedad con el permiso de sus padres, y está el grupo Cri-Crí que está formado por niños de tres a siete años. El ingeniero Mandujano es egresado del grupo Cri-Crí. Desde muy chico se inició en la astronomía.

Los que llegan ser astrónomos de profesión han salido de este grupo. Hay gente muy destacada que está dando clases en Inglaterra y también ha salido de ese grupo. Estamos muy orgullosos de él y es a donde ponemos más énfasis porque los niños son como esponjas, absorben los conocimientos muy rápidamente, y cuando son adultos la astronomía es muy fácil para ellos y se convierten en profesores para seguir sirviendo a la sociedad.

La astronomía ha sido la base del desarrollo en el mundo. El hombre siempre ha tenido la curiosidad de saber qué hay más allá de lo que sus ojos abarcan. Mediante la observación del cielo el hombre pudo conocer la noción del tiempo exacto; para navegar era necesario conocer no sólo la altura de la Estrella Polar para saber la latitud, también se debía conocer la longitud. Y eso sólo se puede saber por el tiempo. Y gracias a la astronomía el hombre se pudo ubicar en el tiempo. Esto dio lugar a la creación de relojes de péndulo, electrónicos, etcétera. La astronomía contribuyó también al desarrollo de la fotografía; hay que recordar que las primeras vistas que se tomaron de la luna fueron daguerrotipos que se imprimieron en aquellas placas maravillosas de los franceses, que se borraban con la luz del día.

Más Sabe el Diablo por Viejo...

Villa Nicolás Romero

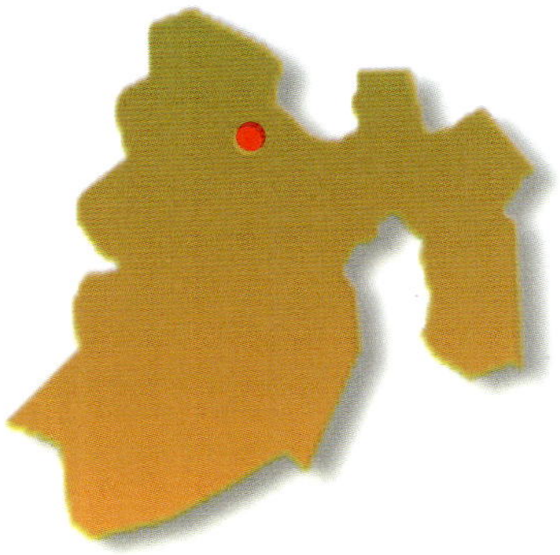

Con Fidel Velázquez está presente la historia obrera mexicana antropomorfizada. Sus piernas ya no responden; sus reflejos corpóreos están exánimes y el tono de su voz, muy pausado y ligeramente quebrado, revela en todo momento que noventa y seis años de experiencia se acumulan en esa humanidad. El cerebro, no obstante, sigue con su particular lucidez y la ironía tiene el filo del bisturí. Ahí está quien ha negociado con trece presidentes de la República, cuarenta y cuatro secretarios del Trabajo, un sinnúmero de patrones y una infinita variedad de hombres del poder.

Ha sido testigo de todas las que, en otros tiempos, se llamaron conquistas laborales: el Instituto Mexicano del Seguro Social en los años cuarenta; el reparto de utilidades en los cincuenta; la creación del ISSSTE a fines de los sesenta; una ley del trabajo más justa y el Infonavit en los sesenta. También supo calibrar y tornear la complacencia de distintos gobiernos y empresarios que con tolerancia casi infinita dejaban que la eficacia laboral fuera muy baja pues el mercado era cautivo y los productos estaban bien, muy bien protegidos. Fue a partir de los ochenta, con la

La CTM es la organización obrera más representativa del país.

apertura de las fronteras, la globalización en puerta y el ingreso al Tratado de Libre Comercio cuando la alianza tripartita comienza a mostrar resquebrajaduras. Ya no hay más conquistas sino estrecheces laborales; luego viene la pérdida de representatividad y un severísimo cuestionamiento al corporativismo representado por la CTM y con ello una merma importantísima al partido político del cual ha sido un robusto y reconocido pilar: el PRI.

Pertenecí a la Confederación Regional de Obreros Mexicanos (CROM) hasta 1929, cuando se registró en la Confederación un problema que surgió con motivo de la muerte del general Obregón, ya que culpaban en parte a Morones. Y éste y el grupo Acción, que dominaba esa organización precisamente en 1929, y yo creamos una organización en el Distrito Federal que se llamó Federación de Obreros y Campesinos y que es hoy la Federación de Trabajadores del Distrito Federal, la

Fidel Velázquez.

"La productividad se obtiene con tecnología o sin ella..."

"Hemos conseguido ventajas económicas y sociales importantes."

más importante de todas entonces. Ahora la más importante es la del Estado de México por la afluencia de industrias que ha habido en ese lugar. En esas condiciones nosotros fundamos también una central nacional que se llamó Confederación General de Obreros y Campesinos de México; a ésta la sucedió, ya que tuvo una vida muy corta –de dos años y pico, pero muy intensa– la Confederación de Trabajadores de México convocando a todo el movimiento obrero para que participara en ella, y a todas las tendencias políticas que había entonces. La creación de la CTM es la suma más importante que ha logrado el movimiento obrero. En ese congreso fue nombrado secretario general Vicente Lombardo Toledano y a mí se me nombró secretario de organización y propaganda. Como tal intervine directa-

"Quisiéramos tener una tecnología tan avanzada como la japonesa."

mente en la formación de todas las federaciones de los estados. Luchamos durante once años contra los comunistas. Disolvimos el grupo sinarquista y acabamos también con el gremialismo para hacer un sindicalismo industrial.

La CTM fue desde entonces considerada como una organización ya moderna. Que ha venido modificando cada seis años sus estatutos para no perder su puesto en la evolución que se ha dado. Dentro de la CTM en el año de 1947 ocupé el lugar de Lombardo. Y los compañeros me han tenido aquí casi cincuenta años porque ya estamos a las puertas de 1997. En esa labor que he desarrollado creo haber consolidado la unidad de la organización que hasta ahora existe y haber conseguido ventajas económicas y sociales muy importantes.

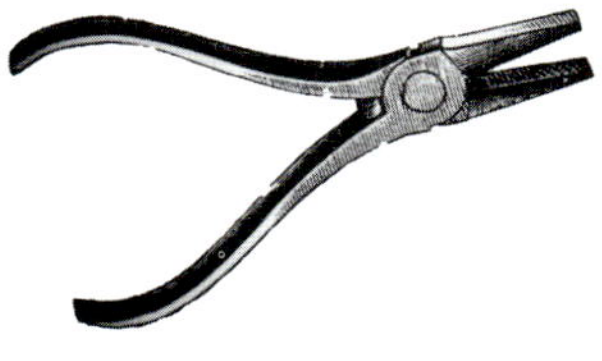

MAPA BIOGRÁFICO

Mi vida ha sido en unas épocas azarosa, en otras con muchos triunfos. Por ejemplo, en la época de Abelardo Rodríguez yo fui objeto de una intriga: se dijo que había hablado en contra del presidente en una huelga que le hicimos a la fábrica de cigarros El Buen Tono, que entonces existía. Se me acusó de que había yo dicho que

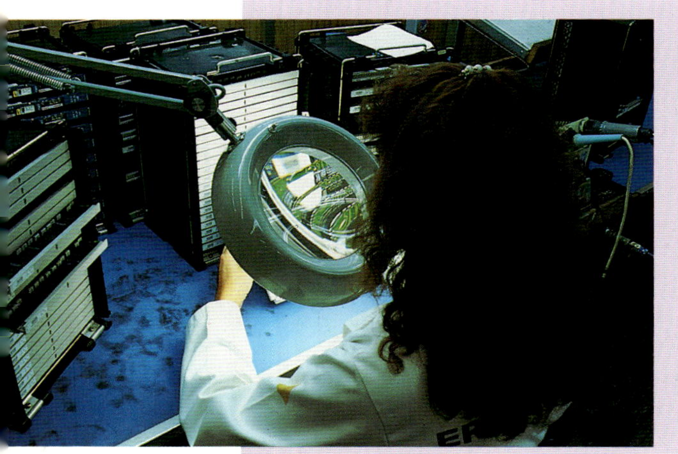

Abelardo Rodríguez era un tahúr. Yo no hablé en ese mitin. Habló el compañero Maximino Molina que también era del comité nacional, y él sí le llamó tahúr, pero a Molina no lo llamaron a cuentas y a mí sí. Abelardo Rodríguez mandó aprehenderme a Acapulco y embarcarme en una nave con bandera nicaragüense, alegando que yo era de esa nacionalidad. Pero me salvaron dos billetes de cien pesos que llevaba en la bolsa y que di a cada uno de los que enviaron a detenerme, y me regresaron. Pero esa misma noche ya habían intentado pescarme otra vez, pero don Aarón Sáenz intervino –él estaba en el velorio de la madre de Gaxiola, que había sido secretario de Abelardo Rodríguez– y ordenó al jefe de la policía, el general Méndez, aquel famoso *Coche* Méndez, que me tuviera en sus oficinas mientras él se comunicaba con el general Calles. Pasé toda la noche en esas oficinas, muy bien tratado y todo, y efectivamente, al día siguiente se habló con Calles; el mismo Narciso Bassols, que era secretario de Hacienda, fue a ver a Calles a Tehuacán. Éste le habló a Abelardo y textualmente le dijo que por qué me querían hacer pasar por nicaragüense si yo era más mexicano que el nopal.

Nosotros estamos de acuerdo con la tecnología, pero quisiéramos que fuera tan completa como la de Japón, donde la técnica empleada no desplaza a los trabajadores. Por ejemplo, veamos el empleo de robots. Solamente la industria automovilística utiliza diecisiete mil robots pero lejos de desplazar gente ha ocupado más, porque a cada robot se le asignan dos trabajadores para repararlo o conducirlo. En realidad, las empresas mexicanas no se han modernizado, le llaman modernización a emplear una maquinaria ya obsoleta o en desuso en Estados Unidos. Eso no es tecnología. La productividad

se obtiene con tecnología o sin ella, basta con la voluntad de los trabajadores y con los conocimientos que adquieran los patrones para que haya productividad.

Ésos son los problemas que, unidos o no, tenemos que discutir siempre con la clase patronal. Los patrones de México son muy ricos. Habría dinero para hacer esto sin el auxilio extranjero. Pero prefieren cambiarlo a dólares y llevárselo fuera, o simplemente irse a descansar.

Seguimos conservado los cinco millones y medio de trabajadores que teníamos desde hace tiempo. Quizá sí nos hemos estancado pero eso ocurrió desde que se desató la crisis. Esta es la organización más representativa del país; en el Congreso del Trabajo, al que pertenecemos, representamos al ochenta y cinco por ciento de los trabajadores y somos los que tenemos control en el Seguro Social, Infonavit, las juntas federales de conciliación y arbitraje; no hay representantes de otro organismo en esas instancias más que los de la CTM. Servimos a todos por igual, aunque algunos se consideren enemigos, no hacemos distingos.

Los presidentes de la República por naturaleza no son afectos a la unidad del movimiento obrero y no ayudan en nada para que se realice, pero la CTM la ha alcanzado. Nosotros hacemos lo posible porque en esta época de crisis los compañeros se resientan lo menos posible. Esto lo logramos pero no del todo. Los compañeros tienen que mejorar especialmente en sus salarios.

Me he preocupado mucho por formar cuadros de gente muy capaz, y cualesquiera de esas personas puede ser mi sustituto. No tengo preferencia por nadie porque le quito autoridad. Si yo me inclinase por alguien ya no sería el candidato de la masa sino el mío.

Vivir de la Leche y del Cielo

Polotitlán

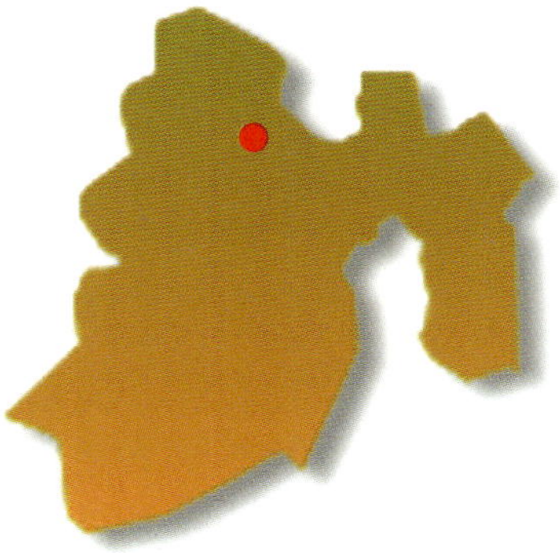

Hace cuarenta y cinco años, aproximadamente, surgió en algunos productores de leche de Polotitlán la inquietud de formar una unión para evitar a los intermediarios que les compraban su producto para ser revendido en la ciudad de México. Se agruparon para negociar directamente y vieron que eso les funcionaba bien. Al punto de que en 1962 tomaron la decisión de convertirse en una sociedad anónima para comprar equipo, ponerle precio a su producto y consolidarse.

Desde entonces, reciben la leche de los pequeños productores que tienen establos en lo que se llama ganadería de traspatio puesto que ninguno de ellos rebasa las diez cabezas de ganado. Con mucho esfuerzo sostenido, los más de noventa socios lograron armar una pequeña planta

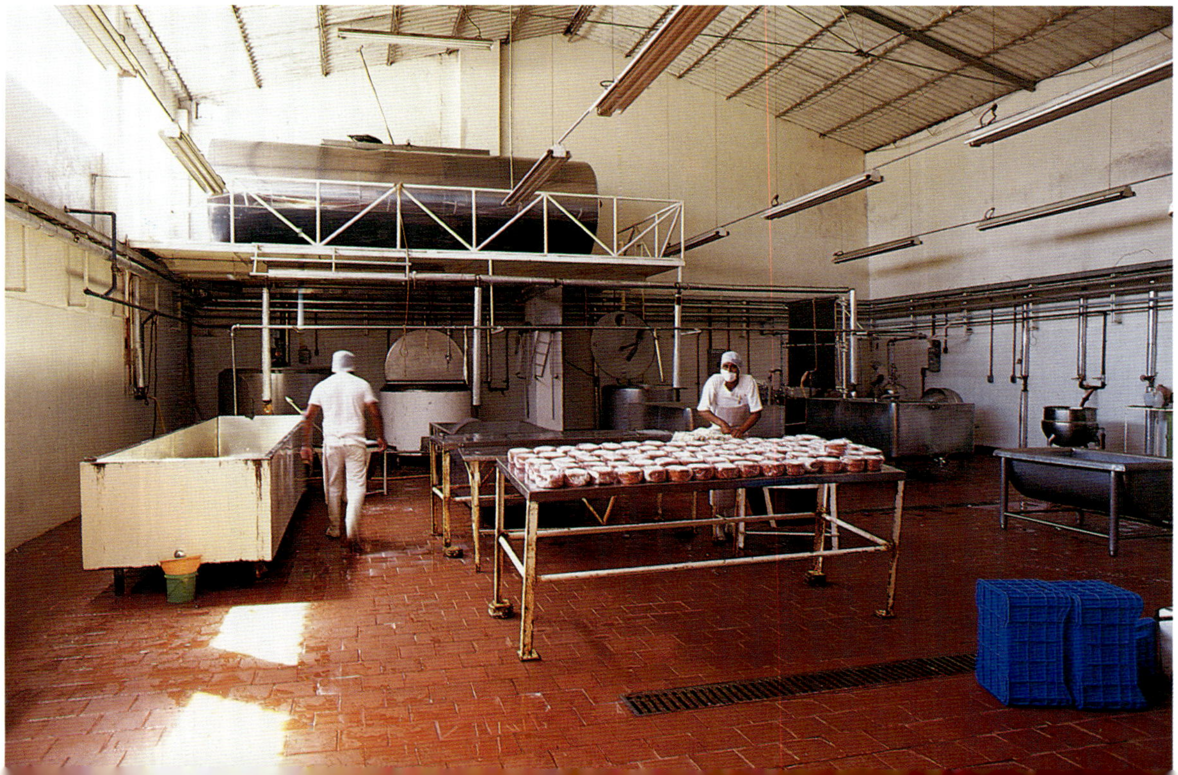

Armaron una pequeña planta procesadora.

procesadora con pasteurizadores, homogeneizadores, una cámara fría, cuatro tinas de cuajado, mesas de trabajo, una procesadora de yogurt que admite altas y bajas temperaturas y diversos instrumentos complementarios.

Todo iba bien, bueno, más o menos bien. Se llegó a tener una capacidad de acopio hasta de ochenta y cinco mil litros diarios de leche y se producía una buena variedad de quesos. Tipo oaxaca, manchego, chihuahua, panela, cotija, ranchero, mantequilla, crema y yogurt. Lograron tener un expendio en Polotitlán, y algunos puntos de venta en ciertos tramos de la autopista México-Querétaro y pudieron introducir las mercancías en la cadena *Sanborns*. Asimismo, vendían directamente en el mercado de La Merced y en la Central de Abasto. Las cosas caminaban y la cooperativa se defendía... hasta que al despuntar los años ochenta sucedieron dos cosas que, simultáneamente, han sido más perniciosas que la salmonella.

Primero vino una devaluación abrupta en el año 1982; luego se presentó una sequía de varios años que acabó con los cultivos de praderas y forrajes verdes. Y para redondear el asunto, se desató la importación masiva de leche en polvo y productos terminados, las más de las veces a precios más bajos que los productos nacionales. Desde esa racha que llegó para quedarse los productores de leche en Polotitlán no ven la suya.

La capacidad de acopio llegó a los cinco mil litros de leche diarios.

ANTONIO GARCÍA

La fabricación del queso es fácil cuando ya se sabe cómo hacerlo y bueno, todo comienza cuando a la leche se le agrega un líquido y eso va a permitir que, de acuerdo a una determinada temperatura, quede la pasta que se forma de las partes sólidas de la leche y, que al separar el suero se inicie un proceso para fabricar el tipo de queso deseado. Ello también depende de tiempos y formas diferentes. Así se obtienen las distintas variedades.

Hemos tenido épocas muy duras. Esta situación es difícil de entender ya que nuestra población tiene mucha necesidad de leche, queso y derivados para su alimentación. Las cosas, sin embargo, son así, ha habido un enorme decremento en el consumo. Antes teníamos clientes, aquí en la tienda, que compraban un par de quesos tipo chihuahua por semana; hoy si bien les va compran un medio kilo del tipo oaxaca que es más barato. La falta de poder adquisitivo de la gente es notoria. Cuando el producto tenía un precio inferior al kilo de carne, el ama de casa sustituía una cosa por otra. Ahora es el revés, el kilo de carne es igual o más barato que el de queso. Y hay quesos más elaborados, notablemente más caros que cualquier carne.

Deseamos que, en lo posible, la cuenca sea reactivada con ganado lechero ya que año con año la disminución de la población animal es muy seria debido a la difícil situación económica que atravesamos. Para muchos productores no es rentable la actividad porque el precio final del producto es muy bajo aunque caro para el consumidor. Nuestros productos tienen que competir con productos extranjeros y no estamos en condiciones de hacerlo. Solicitar crédito a los bancos es mortal y nosotros carecemos del capital necesario para modernizar nuestra planta y para apoyar a los productores, que dependen literalmente del cielo. Nuestra crisis es más aguda que la de

otros sectores del país pues a la llamada crisis económica hay que agregar los cambios meteorológicos. Ya no llueve como en años anteriores y eso ha provocado la desertificación de muchas regiones. Nosotros nos encontramos en los límites de los estados de Querétaro e Hidalgo. En el primero se produce forraje debido a que tiene climas mucho más favorables, posibilidades de riego con pozos profundos. En el segundo utilizan las aguas negras lo que les permite la producción de forrajes y alfalfas a precios muy bajos. Pero esas situaciones nada más las vemos sin poder beneficiarnos de ellas. Lo hemos intentado de muchas maneras y hemos fracasado. Por ejemplo, se pensó en perforar pozos profundos para establecer un sistema de riego. Se llevaron a cabo los estudios y se encontró agua pero a una profundidad de más de 400 metros lo que hace el rebombeo incosteable. También se analizó la posibilidad de canalizar aguas negras de Hidalgo, y para ello había que romper todo un cerro y además tendríamos que luchar contra los severos problemas de contaminación, y nos declaramos incompetentes. No hemos encontrado la solución a nuestros problemas.

Quisiéramos comercializar más y mejor nuestros productos lácteos y contamos para ello con una camioneta de tres toneladas que tiene lo que se conoce como una caja *termo-king* que tiene aislante en las paredes y cuenta con un generador de frío que trabaja con corriente de 127 voltios o con el mecanismo del vehículo.

No carecemos de ganas para trabajar, sabemos que nos hace falta una tecnología como la de los extranjeros, pero resulta imposible hacerlo cuando ellos cuentan con el apoyo de sus bancos que les cobran un seis o un siete por ciento anual de interés. Nosotros tenemos que pagar de treinta y cinco al cuarenta y dos por ciento. Si se agrega que el cielo nos castiga y es avaro con la lluvia, pues es casi milagrosa nuestra sobrevivencia.

No todos llegan a la Meta

Toluca

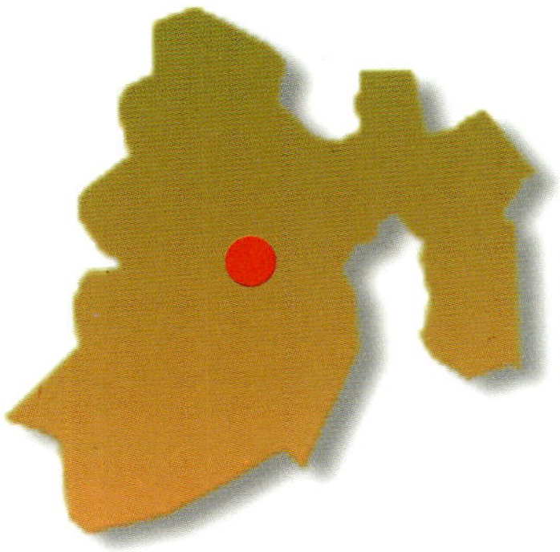

No podría definir a la Universidad Autónoma del Estado de México porque no estoy de acuerdo en que haya universidades de los estados. La universidad es un concepto de tipo general, universal, que no debe, de ninguna manera, acotarse territorialmente. La universidad debe ser una, única, en todo el mundo, en cualquier espacio, porque es fundamentalmente un grupo de seres humanos que piensan, que rescatan lo que otros han pensado, que procuran prever lo que habrá de pensarse o deberá pensarse, y que todo eso lo manejan desde un espacio de creatividad para poder conformar mejores niveles de convivencia. Tampoco las quisiera calificar de públicas o privadas porque la universidad es una y lo es así sea pública o privada.

Sin embargo, existen no nada más las diferencias territoriales. ¿Qué caracteriza a la universidad en el Estado de México?

En primer lugar diría que la caracterizan casi ciento setenta años de historia y que el origen de esta universidad no es aquel en donde un seminario tridentino, seráfico o conciliar se transforma en universidad; como tampoco se toma un instituto de carácter privado o empresarial y se transforma en uni-

Marco Antonio Morales, rector de la UAEM.

versidad como sucede en algunos otros estados. Nuestra universidad nace desde una concepción estrictamente liberal; nace cuando José María Luis Mora prevé que es necesario que exista en el Estado de México un instituto literario y que éste debe tener su asiento en la capital del estado, que en aquel entonces era Tlalpan. Nace también con una idea liberal para la formación de la juventud. Nuestra universidad fue un nicho liberal en el siglo XIX, quizá de los más importantes; aquí estuvo Ignacio Ramírez, el *Nigromante*, Ignacio Manuel Altamirano, y ellos fueron parte de esa corriente liberal que distinguió a esta universidad.

También diría que la universidad representa mucho para la sociedad del Estado de México; es una institución que ha estado presente en sus momentos estelares, que ha sido protagonista en muchas épocas de la historia de la entidad. Mencionaré un dato curioso: el contingente de Toluca que apoya a Zaragoza en la batalla del cinco de mayo, que se llamaba *Los lanceros de Toluca*, se crea y organiza en el Instituto Literario de Toluca y va en representación del Estado de México. Esto da idea de que la universidad, desde su origen, ha estado íntimamente vinculada a la sociedad, lo que ha generado que la institución posea un grado aceptable de madurez.

¿Qué carreras y cuántas tiene la Universidad?

Tenemos cuarenta y cinco hasta el momento, vamos a aumentar dos más

La oferta académica es muy variada.

Espacios que invitan a la reflexión

en el próximo ciclo escolar: actuaría financiera, y la primera carrera en el área artística que va a ser artes plásticas. También tenemos relaciones económicas internacionales, planeación territorial. En este rectorado se logra el nivel de doctorado; el año pasado abrimos dos doctorados, uno en ciencias del agua y otro en estructuras, los dos de ingeniería, los dos entraron al padrón de excelencia del Conacyt. Este año abrimos cuatro doctorados más, uno en ciencias nucleares, otro en ciencias materiales, otro en física médica y otro en física no lineal; éstos en coordinación con el Instituto Nacional de Investigaciones Nucleares (ININ). En este momento contamos con cerca de cincuenta posgrados, diez de los cuales están en el padrón de excelencia, sobre todo en las áreas de la salud. Esta es nuestra oferta educativa. El cuerpo docente está integrado por aproximadamente tres mil profesores. Tenemos cuarenta investigadores que pertenecen al Sistema Nacional de Investigadores (SNI).

¿Qué problemas reviste que las universidades dejen de ser de élite y empiecen a crecer en forma desorbitada?

Al contrario, la Universidad ha ido contrayendo y reordenando su matrícula. Esta Universidad tenía hace unos doce años cincuenta mil estudiantes directos, y lo que se ha hecho es simplemente realizar un ejercicio de honradez. Hace doce años había grupos de cien estudiantes en aulas en las que caben cuarenta. Lo que se ha hecho es formar grupos de treinta y cinco o cuarenta alumnos, o por ejemplo, en licenciaturas como ingeniería o medicina formar grupos más reducidos. Esto se ha hecho en base a un examen de ingreso real, automatizado. Se ha eliminado totalmente la posibilidad de que lleguen estudiantes con sobrada capacidad de gestión. También se ha logrado con el apoyo de las autoridades del gobierno del estado, de las agrupaciones sindicales y de la comunidad, profesores y trabajadores. Se ha dado el caso de que hijos de directores no ingresen a la facultad de su padre. Llevamos ya seis años con este filtro; ingresan estrictamente aquellos para los cuales tenemos cupo; tampoco ingresan menos, no estamos recortando la matrícula. En derecho, en donde antes recibíamos a mil doscientos estudiantes y tenían que darse clases en los pasillos, en los jardines, etcétera, en esos mismos salones ahora recibimos a los trescientos treinta jóvenes que caben adecuadamente en la facultad.

¿Qué pasa con los que no logran ingresar?

Ellos tienen opciones en el sistema incorporado; tenemos instituciones incorporadas que ofrecen, en este caso por ejemplo, la licenciatura en derecho. Si no, pueden irse a su segunda opción, en la que si se trata de una licenciatura no saturada, realizamos una segunda etapa del proceso de inscripción. Este rechazo del que tanto se habla en el país, y al que se da tanto espacio en los periódicos, es un rechazo que ocurre solamente en ocho o nueve licenciaturas; en todas las demás las universidades públicas tenemos oferta educativa no satisfecha en primera instancia. Aquí el problema se presenta en el nivel medio superior porque los estudiantes quieren estar forzosamente en las preparatorias uni-

La universidad es una élite natural.

"Instalaciones de la Universidad".

versitarias, pero tenemos preparatorias de otros sistemas: del sistema estatal, federal, incorporado, etcétera, en las que hay cupo. Y en el nivel superior quieren estar en las carreras saturadas: derecho, contaduría, ingeniería, arquitectura, odontología, medicina, administración de empresas.

¿Qué pasa con aquellas carreras o disciplinas que son hoy tan necesarias y que tienen que ver con el territorio, con la alimentación, con la ecología?

Una de las licenciaturas nuevas que tenemos es la licenciatura en nutrición; tiene apenas seis o siete años y ya han egresado de ella dos generaciones. Se ofrece en Amecameca únicamente; tal vez este año la abramos aquí en Toluca. Tenemos una maestría en ecología que posiblemente se transforme en doctorado en poco tiempo, y además en el nivel medio superior en la reforma de nuestro plan de estudios hemos incorporado materias como desarrollo tecnológico, ecología, medio ambiente, además de otras áreas de desarrollo de habilidades del razonamiento y habilidades cognitivas, etcétera.

No ejercen, sin embargo, la misma atracción que las tradicionales. ¿a qué se debe esto?

Nutrición si, ecología no tanto porque, en primer lugar, no la tenemos a nivel de licenciatura; además, los padres de familia creen que la ecología y la geografía no brindan ningún futuro económico. Esto sucede también con la historia, con la filosofía, con literatura, con muchas otras. Y todo lo que hacemos en orientación vocacional en la mañana, los padres lo echan a perder en la tarde aconsejándoles a sus hijos que sean médicos o abogados o ingenieros, que en su opinión son los únicos que se hacen millonarios inmediatamente.

Creo que ahí está en parte el problema de las licenciaturas que no son tradicionales, que no poseen un perfil muy determinado, y que no tienen esa especie de halo con un signo de pesos. Paradójicamente en ellas están las verdaderas vocaciones. Es difícil que un joven que haya estudiado historia cambie su vocación. En cambio, se encuentran muchos abogados, ingenieros o médicos desarrollando actividades para las cuales no se prepararon en la universidad.

¿Cuál es el futuro de la UAEM?

Creo que el futuro de la Universidad es alcanzar su nivel óptimo de servicio en sus instalaciones en el interior del estado y en la ciudad capital, y desarrollarse buscando siempre la calidad. La universidad debe ser elitista –sé que esta opinión es polémica, lo acepto, aunque no se quiera es elitista, incluyendo aquéllas ostensiblemente populares como la Nicolaíta o la de Guerrero. En la universidad no se puede trabajar de otra manera; constituye una élite natural, una élite académica. No todo el mundo está preparado para la vida universitaria ni tiene capacidad para desarrollarla, como tampoco todo el que la desarrolla tiene garantizado su éxito o riqueza. Creo que se puede tener éxito en la universidad como en cualquier otro tipo de actividad, y se puede triunfar de manera más importante que como se puede hacerlo como universitario. Esto ya está en el plano de competitividad de cada quien. Eso es algo que se trae, no se adquiere en la universidad.

Bienvenidos a la enseñanza y a la investigación.

Aguas y Manos para el Reposo

Ixtapan de la Sal

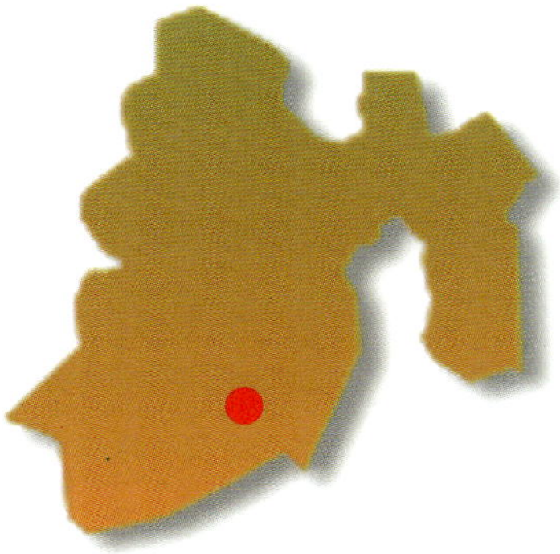

La carretera que conduce de Toluca a Ixtapan de la Sal es nueva. Se han eliminado muchas de las curvas; tiene varios y buenos tramos de hasta tres carriles y la publicidad que alienta su recorrido indica que se pueden ganar hasta treinta y siete minutos si a la velocidad que se circula es zumbido sostenido. Apenas se ha traspasado la última caseta de cobro cuando de lleno se irrumpe en la calle principal del lugar. Un amplio camellón separa a los que llegan de los que pasean o se van. De uno y otro lado están los pequeños hoteles y casas de huéspedes que con letreros en gas neón invitan al interior de salas amuebladas por sofás y sillas con patas de alambrón características de los años cincuenta. El recorrido al que fuerza la amplia calle es breve, apenas una decena de cuadras para regresar al principio donde está enclavado todavía el que fuera y es el balneario Ixtapan. Su letrero, pintado de azul, blanco y verde, simula olas y a los lados no oculta que provienen de aguas termales.¡Aquí está el fuerte de Ixtapan de la Sal!

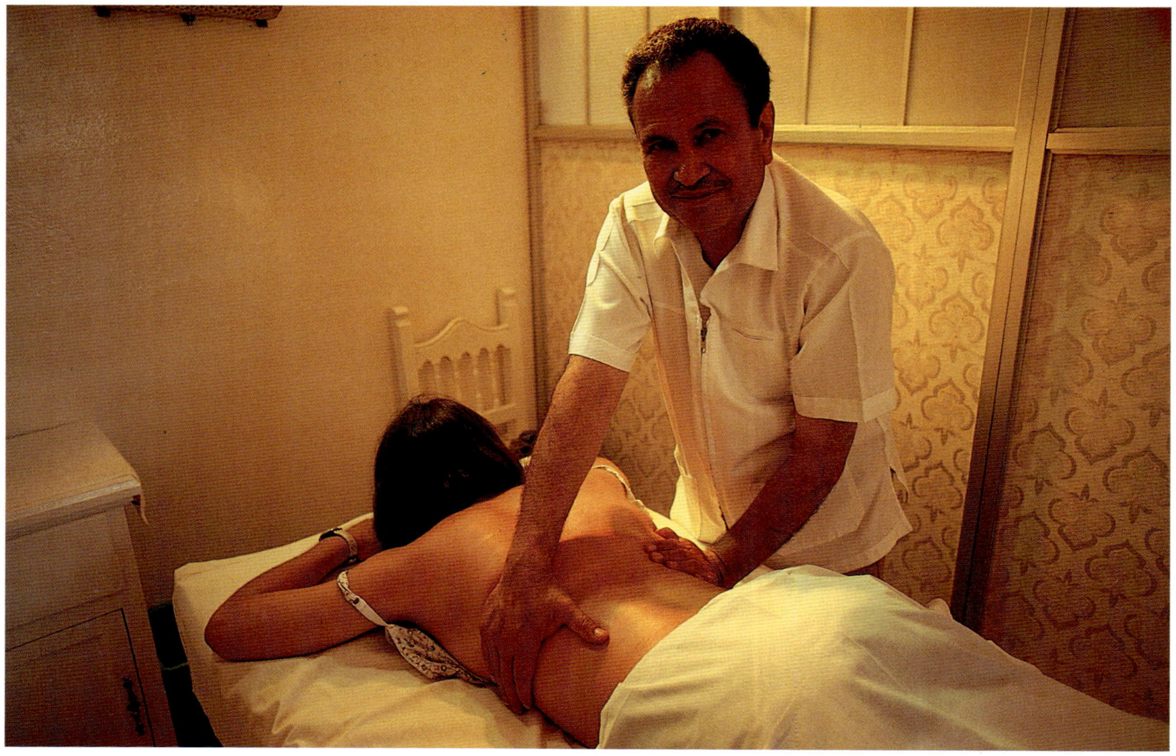

Gregorio Domínguez.

Los viejos y los nuevos atractivos de Ixtapan.

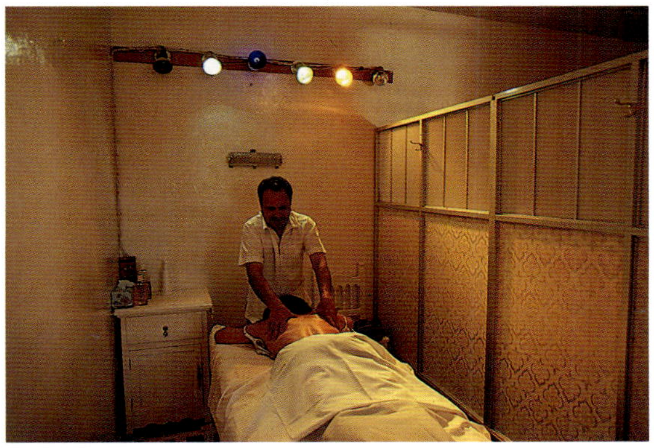

Toda la población vive con y de los manantiales. Todo mundo ayuda del modo que puede. Vendiendo trajes de baño, aceites para el bronceado, salvavidas de plásticos coloreados, fotonovelas, cámaras fotográficas y diversas playeras estampadas que despiertan el apetito del *souvenir*.

Los hoteles, como las piscinas –de agua color barro–, los modestos establecimientos, como el mobiliario y equipo, los parroquianos –en su inmensa mayoría bien entrados en la tercera edad–, y los trajes de baño –largos y anchos en los hombres como todos, absolutamente todos, los femeninos de una sola pieza en total rechazo al *bikini* o a la tanga–, nos gritan que aquí el estrés y la modernidad no han llegado porque el tiempo, que alguna vez creímos inexorable en su paso, aquí en Ixtapan de la Sal, el tiempo, se ha detenido.

Las calles, al igual que las voces populares, hablan de un curandero que brotó de las aguas termales. Sus manos y masajes son el mejor principio y el digno final de una estancia en este valle de cálida temperatura donde nadie, absolutamente nadie, se priva de entrar a las piscinas, embarrarse el cuerpo y la cara con lodo curativo, para más tarde tirarse al sol y obtener un acabado de estatua de yeso que a los

hombres les dará energía y a las damas les ofrecerá la belleza anhelada.

De bata blanca, manga corta, con sonrisa rectilínea y verbo servicial, el masajista Gregorio Domínguez, archiconocido y prestigiado como don Goyo, está ansioso por iniciar un mensaje demostrativo:

Soy un *Shiatsu* quiropráctico que aprendió con maestros alemanes, ingleses, suecos, españoles e italianos. Más tarde tomé cursos de mayor especialización en Estados Unidos. La reflexología que ejerzo es un sistema de masajes que se aplican en la planta de los pies. Ahí es donde recibimos los reflejos de todo el cuerpo y justo es ahí donde hay que ejercer presión para normalizar el funcionamiento de los órganos internos que nos hacen padecer. Los pies, además, me ofrecen la oportunidad de hacer un diagnóstico con cierta rapidez.

En la misma alberca en que disfrutaron los abuelos, ahora lo hacen los nietos.

Don Goyo apuntala sus palabras con grabados en madera que están sólidamente empotrados en la pared. Dos plantas de pies humanos descomunales indican, a la manera de los mapas antiguos, diferentes dibujos en colores diversos. Los dolores de estómago se ve que anidan en el dedo gordo del pie izquierdo; los males de los pulmones pueden ser calmados con masajes en los talones y la infinidad de punzadas, malos ratos y achaques que por todas partes nos martirizan tienen su loca-

lización a lo ancho y largo de las plantas de nuestras extremidades inferiores. Nada se escapa, ni siquiera los malestares y preocupaciones que ha traído la enésima crisis financiera y económica del país.

Cuando hay algún problema específico recomiendo ser constante en las visitas; éstas son de dos, tres y hasta cuatro semanas. Tengo clientes que me visitan una vez al mes y otros que vienen una vez al año. El masaje, además de que ayudará al sistema circulatorio, también ayuda al sistema nervioso pues es relajante. Generalmente aplico mis masajes en media hora, pero hay también sesiones de una hora entera. Asimismo, conozco y aplico el masaje tipo japonés, el *Shiatsu* que quiere decir "presión con los dedos", su equivalente en español sería digitopuntura. Este masaje requiere de mayor concentración; los dedos y las manos sirven como instrumentos y la mente la uso para equilibrar o dirigir la energía que ayuda especialmente al sistema nervioso.

Dos jóvenes de aproximadamente veinte años, y que más tarde se identificarán como hijos de don Goyo, no pierden detalle de la conversación. Ellos ya practican los masajes curativos y aunque no visten bata blanca ya han adquirido los modales y el tono de su especialidad. Caminan con la delicadeza del gato y se sientan con la ga-

llardía de los samurai. Escuchan en silencio y asienten con tímidas sonrisas el discurso paterno.

Para ser un buen masajista hay que estudiar primero la piel, que es la primera receptora de este tipo de terapia. Después hay que estudiar el sistema muscular, hasta donde es posible pues hay músculos que no se deben tocar. Más tarde, es menester conocer los sistemas circulatorio, nervioso, óseo y las articulaciones. Todo eso va acompañado de cuidado alimenticio. El secreto es comer una vez al día fuerte, de preferencia al mediodía. No recomiendo dejar del todo la carne pero sí limitar las raciones. El costo de mis masajes representa una cifra módica, tanto que ni siquiera deseo mencionarlo. Mis hijos son mis ayudantes. Ellos recibieron capacitación y entrenamiento. En este oficio a la disciplina hay que agregar el estudio permanente pues es la única manera de llegar a tener prestigio y con ello una clientela regular. Yo procuro ser eficiente, cortés y serio ya que las personas tienen que desvestirse parcialmente, lo cual no significa que se estén exhibiendo. Se les proporcionan sábanas limpias y solamente se descubre la parte que se está tratando.

En el *Shiatsu* y en reflexología se aplica la presión digital con cuidado pues todo tiene su razón de ser; generalmente, y a manera de ejemplo, un masaje muscular es de tres a cinco kilos de presión; puede llegar a doler un poquito pero nunca lastimar. Conozco y practico otras técnicas igualmente eficaces. Una de ellas es la cromoterapia en la que me auxilio de luces de colores y la combino con el *Shiatsu*. Cada color corresponde a un canal de energía. Así, si alguien tiene problemas con los pulmones, aplico el color azul; si otro paciente tiene problemas circulatorios o del corazón, el color que corresponde es el rojo; a los problemas del riñón y del sistema digestivo les pertenece el color amarillo. Otra técnica muy buena es la sonoterapia y otra más es con aromas. Estoy preparado para servir a quien busca paz, armonía y tranquilidad física y espiritual.

En el Balneario

Es el mismo techo de madera, los mismos polines cuadrados que lo sostienen, la misma rectangular piscina con su agua color café y a los mismísimos treinta y ocho grados centígrados que brotan del inamovible manantial que ahí permanece desde que hace cuarenta años se edificó el balneario Ixtapan. Todo, toditito permanece igual. Hasta los letreros que prohíben los clavados y las minúsculas dimensiones de los vestidores de madera pintados de verde oscuro. Nada ahí ha cambiado, salvo las dos nuevas secciones. Una es de lujo, y data de hace veintitantos años. Ahí se pueden rentar piscinas privadas revestidas de mármol y con capacidad hasta para tres personas. Los nombres de tales recintos son un paseo por la decadente aristocracia francesa: Madame Du Barry, Agnes de Sorel, Diane de Poitiers, Madame Recamier, Madame Pompadour, Christine de Pisane, Marie Antoinette...

La otra sección nueva data apenas de hace seis años. Tiene piscina con olas, toboganes, un "río loco", un carrusel, lago para lanchas y, sobre todo, "La laguna del pirata", el mejor y más grande atractivo para los niños que acompañan a los tutores de la tercera edad.

En Semana Santa llegamos a tener hasta quince mil visitantes aunque, debo admitirlo, eso es excepcional, declara con entusiasmo el gerente general Pedro Medina, quien confiesa que ha pasado su vida al cuidado del balneario más reputado del Estado de México. Aquí en Ixtapan de la Sal tenemos un clima extraordinario. Sol durante más de trescientos días al año; cuando llueve el clima es respetuoso, sólo ocurre en las tardes para refrescar un poco y las noches son de tranquilidad y plenitud.

Nuestra competencia está en el estado de Morelos aunque allá no existe un solo balneario con aguas medicinales como los que tenemos aquí. Además, le aseguro que somos la gente más hospitalaria de esta parte del planeta. Vivimos de la gente y a la gente nos debemos.

El Uranio

¿Qué soñará el indescifrable futuro? Soñará generaciones humanas que no reconocerán el nombre de Ulises. Soñará sueños más precisos que la vigilia de hoy. Soñará mundos tan intensos que la voz de una sola de sus aves podría matarte. Soñará que el olvido y la memoria pueden ser actos voluntarios. Soñará un mundo sin la máquina y sin el doliente cuerpo...

Jorge Luis Borges, *Los conjurados.*
Alianza Tres,
Madrid, 1985.

Obra Grande en Pueblo Pequeño

Tultepec

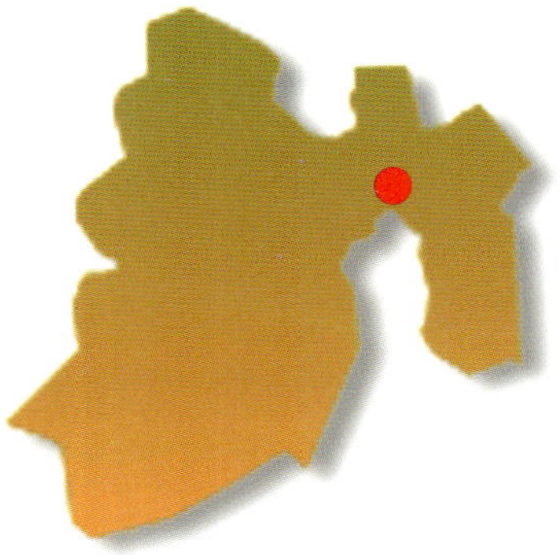

No cursó ni la secundaria ni la preparatoria. Le consumían la música, la pintura y la escultura. Dice que no lo sabía pero sus inquietudes eran de artista con mayúsculas. Nació en Tultepec y de ahí se fue directo a la Academia de San Carlos. Duró casado veinticinco años y se autoclasifica como escultor extremista pues su trabajo lo hace en nieve y eso le da resultados efímeros, o en acero, que es para siempre.

Es de carácter alegre y de respuestas rápidas. Se la vive en la Casa de la Cultura de Tultepec y sin provocación organiza exposiciones, concursos, conferencias y recitales los que, generalmente, son muy exitosos. Cuando de comer y beber se trata, es conocedor y se atiende con cariño. Su mirada es como su verbo: directa y enriquecedora. Cumple sus primeros sesenta años en medio de un optimismo sano y contagioso. Responde desde niño a un nombre que en la lista escolar no estaba al principio, pero tampoco al final: Miguel Hernández Urbán.

Mi formación profesional es de escultor, después hice durante muchos años pintura. A mí me interesa solamente hacer obra monumental, nunca me ha interesado hacer obra pequeña. Es prácticamente en 1971 cuando empiezo a tener la oportunidad de hacer este tipo de obra. Mi trayectoria posterior no ha sido constante porque realizar obra monumental es difícil por los costos y las dimensiones. Siempre es necesario alguien que financie estas

Miguel Hernández Urbán,
frente a una de sus obras.

obras y generalmente son los gobiernos de los estados o las instituciones oficiales quienes lo hacen. Aunque también tengo experiencia en escultura en nieve, de grandes dimensiones pero efímeras. Son esculturas que le permiten a uno lograr propuestas plásticas interesantes en un tiempo relativamente corto. Lo he hecho en Francia, Italia, Estados Unidos, Canadá.

Está usted en los extremos: la escultura en nieve es barata y efímera; en el otro extremo se va usted al acero que es permanente y carísimo. ¿Por qué?

Empecé a esculpir en acero al carbón para diferenciarlo del acero inoxidable. No todo el acero es fierro; los técnicos dicen que el acero al carbón es el fierro común y el acero inoxidable tiene otras cualidades como su durabilidad.

Trabajar el acero al carbón permite lograr mayores dimensiones con un costo relativamente bajo en comparación con otros materiales como la piedra o el bronce, o inclusive el cemento. Da oportunidad de una gran libertad; cuando se llega a entender el lenguaje del acero al carbón se logran muchas libertades. La piedra, por ejemplo, a pesar de todas sus cualidades y virtudes tiene limitaciones por el mismo peso de la escultura y el manejo de los volúmenes; claro que es

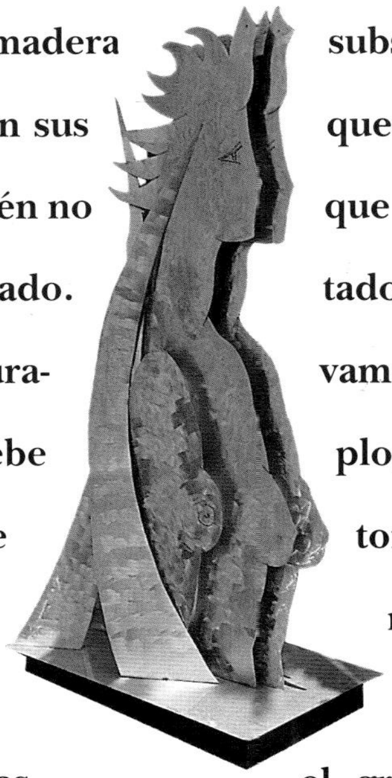

un material muy bello. La madera tiene una gran sensualidad en sus texturas y colores pero también no deja de ser un elemento limitado. Al igual que los grandes muralistas creo que la escultura debe ser un arte público y que debe estar en el exterior para que sea disfrutado por una gran cantidad de personas.

He aprendido a resolver los problemas técnicos. Desarrollo mis ideas en bocetos a lápiz; después hago pequeñas maquetas de cartón, no necesariamente a escala. Cuando ya tengo resuelto el problema de la maqueta en ese momento hago el dibujo a escala y esto me permite ir directamente a la escultura. Inclusive puede sorprender pero he hecho una escultura de diez metros con cinco figuras en una semana.

Creo que la idea del artesano de la cocina, como se le llama en el arte, subsiste, sigue prevaleciendo. Lo que pasa es que estos materiales, que no son nuevos, han sido adaptados tecnológicamente hace relativamente poco tiempo. Por ejemplo, a Calder –uno de los escultores más importantes– los ingenieros de la Boeing le calculaban sus esculturas, calculaban el grueso de las placas, la cimentación, etcétera. Calder, que podía vender una escultura en un millón de dólares no tenía ningún problema para conseguir esto. Inclusive los ingenieros de la Boeing lo hacían por prestigio. Uno requiere eventualmente de ingenieros para calcular una base.

Aquí en Tultepec, con algunos apoyos mínimos, hacemos la única actividad internacional en escultura que se hace en el país. Nadie está haciendo lo que nosotros en Tultepec. Y probablemente en el mundo somos

los únicos que organizamos un simposio internacional de escultura en acero inoxidable, gracias a una empresa mexicana que nos proporciona el acero inoxidable. En marzo pasado terminamos el quinto simposio internacional y tenemos ya una colección de cuarenta esculturas de artistas de diferentes países: Cuba, Argentina, Guatemala, Estados Unidos, Canadá, Francia.

Fui el promotor de un concurso internacional de escultura en madera que se llevó a cabo en Toluca. Organicé los dos primeros concursos internacionales y dos concursos nacionales. Aunque estamos metidos en un pueblo, hacemos muchas cosas que trascienden.

Escultura en madera.

Escenario Hollywoodense

Apaxco

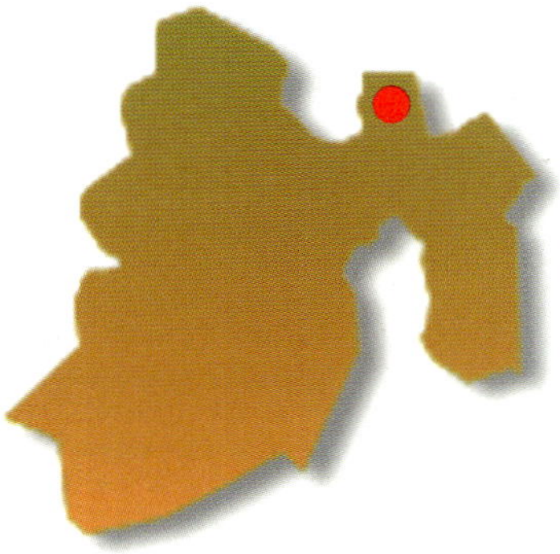

Francisco García de Quevedo.

La cementera es una empresa monumental. Lo mismo hay torres, hornos, que construcciones que se asemejan a un estadio. Por todas partes hay letreros que obligan a portar un casco protector en la cabeza y con frecuencia se hacen indicaciones para que el visitante no sea ingratamente sorprendido por ruidos estridentes o calores excesivos. Todo se maneja puntualmente y en orden. Diríase que de pronto se ingresa a una película de ciencia ficción. Un joven licenciado en administración o relaciones industriales de ilustrísimo apellido español, Francisco García de Quevedo, es el cicerón encargado de que la integridad corporal se conserve durante el recorrido, y al mismo tiempo intentará enriquecer el árido conocimiento del visitante sobre la manufactura del cemento.

Con aplomo indica que la empresa nació en 1936 como la fábrica Portland-Apasco, en una de las primeras integraciones de capital privado extranjero con mexicano, allá en esos años cuando se desconocía lo que era la globalización de mercados y los tratados regionales. En la actualidad, un consorcio suizo es el propietario de esta y otras cinco plantas más que se encuentran en Ramos Arizpe, Colima, Orizaba, Tabasco y Guerrero.

La planta del centro enclavada en Apaxco, Estado de México, ha ganado premios internacionales por su adelantada visión y forma de tratar a los elementos que componen el cemento hasta llegar a una condición insólita:

Por todas partes pueden verse torres, hornos...

obtener un reconocimiento ecológico. Y es inusitado ya que las cementeras manejan piedras, grava o arena, explosivos y ácidos que les han dado fama de centros de alta concentración de peligro y de contaminación.

Aquí en Apasco han realizado lo que parecería imposible: utilizar –sin provocar la mínima alteración del ambiente– los neumáticos como combustible para un horno que disuelve el hule y que genera la temperatura adecuada para mezclar y compactar las sustancias del cemento.

El proceso de producción comienza en la cantera, allá arriba en el cerro Pixcuay que está pegado a la planta. De ahí se extrae la piedra caliza que en verdaderas moles de roca es arrancada con explosivos. Con una pala mecánica se rasca el cerro, se terminan de aflojar las inmensas piedras y después un *bulldozer* y un *traxcavo* terminan por depositarlas en gigantescos camiones que las llevan a la trituradora primaria. Ahí se encuentra el primer escenario como si fuera elaborado por Hollywood. En el piso hay un hoyo enorme, de unos quince metros de diámetro, de forma cónica. Arriba, la gran boca que poco a poco se va estrechando hasta llegar a desembocar en un martillo sin mango en forma de salchicha y allá, más allá, muy allá, a unos ocho metros de profundidad, está lo que ni más ni menos es un aparatoso molcajete de acero. Ahí los camiones vierten las rocas extraídas y esas moles comienzan a dejar de serlo debido a los golpes y apretones que les da ese martillo con su incesante y paquidérmico movimiento rotatorio. Todo esto se da en una marco de polvo que continuamente emana desde abajo, junto con estridencias, chirridos y ruidos de golpes secos. Alejarse del lugar provoca inmediato alivio.

Pero los escenarios espectaculares se suceden unos a otros: la trituradora secundaria que hace la grava, el patio de homogeneización –que en realidad es un inmenso domo techado– y en la semioscuridad desarrolla el movimiento circular de una tenaza, va uniformando los materiales en silencio y con la aparente calma con que se mueven los astros siderales; el molino de crudo que recibe la caliza, arcilla y barro y de ahí al horno de Klinker que llega a los mil cuatrocientos cincuenta grados de calor donde se queman todo tipo de residuos como el dióxido de azufre y el ácido clorhídrico, al mismo tiempo que permite la incorporación de los materiales que son propios de la fabricación del cemento como los silicatos, sulfatos, aluminatos. Todos esos gases, que en otros tiempos contaminaban el ambiente, ahora son incorporados a la materia prima o bien son destruidos al consumirse. Aquí y allá hay bandas transportadoras. Unas llevan lo que otras depositaron; otras acarrean en silencio lo que otras portaban con estruendo. El horno, que se encuentra suspendido a unos cinco metros de altura, gira horizontalmente y su inocultable calor llega a requerir que en algunos tramos se le bañe con agua para enfriarlo y así provocar vapores que, como el agua, son aprovechados y reciclados.

En cada localidad donde se encuentra una planta de cemento la composición de la materia es diferente –dice el licenciado de nombre ilustre–; **se trata de aprovechar lo que produce la región. Por eso es tan importante la localización que está condicionada por las vetas de caliza en donde se encuentren estos cerros. Quiero decir, además, que la filosofía de esta empresa**

Los escenarios espectaculares se suceden unos a otros.

Lo nuclear está presente en Apasco.

es peculiar. Su propósito fundamental es perdurar en el tiempo. No tenemos prisa por atesorar dinero ni por expandernos. Todo viene naturalmente si se hacen bien las cosas. En el orden del cómo hacer las cosas, el sistema de trabajo que operamos es un sistema sociotécnico de alto rendimiento. Busca que los trabajadores se desarrollen dejando de lado las formas tradicionales en las que se desemboca siempre en una hiperespecialización en un solo punto o foco. Por ejemplo, un mecánico se especializa en su área y se vuelve una persona muy hábil en ese campo pero no sabe nada de electricidad. Lo que Apasco intenta es acoplar el esquema anterior con el actual. Lo que antes se manejaba en forma vertical ahora se hace en forma horizontal, desde luego, aprovechando las habilidades naturales de cada quien o las que ha venido desarrollando.

Nuestro plan de capacitación es muy ambicioso pues deseamos tener trabajadores multifuncionales. No, no se pretende que se vuelvan expertos en cualquier parte que se les ponga, no sería posible, pero se intenta que el trabajador pueda desarrollarse prácticamente sin límites. Yo mismo tengo que saber sobre administración, relaciones públicas, pero también de técnica. Sin que sea un experto, condensaré parte del proceso. Puedo decir que uno de nuestros orgullos es el molino de crudo que tiene una capacidad de molienda de trescientas sesenta toneladas por hora, lo cual sirve para abastecer a dos hornos que en total suman cinco mil toneladas en el horno de Klinker por día, con un turno de paro para mantenimiento.

La materia prima ya molida entra a una temperatura ambiente en la boca del horno de novecientos grados

"La filosofía de esta empresa es perdurar en el tiempo."

centígrados y se va incrementando hasta casi alcanzar los mil quinientos.

El licenciado respira y continúa ilustrando:

La Comisión Nacional de Salvaguardas lleva un severo y justo control sobre todas nuestras actividades, en especial sobre el pesaje electrónico del material que puede ser mecánico o nuclear. En este segundo caso, tenemos una báscula que mide el espesor de la cama de material que lleva. Emite una viga de rayos gama que logran pasar hacia un receptor. La diferencia sirve para calcular las toneladas que pasan por la banda. Este equipo no requiere ni de mantenimiento ni de repuestos. La celda nuclear tiene una vida útil de treinta años y nunca se descalibra.

ISMAEL BARRERA

Los neumáticos, comúnmente llamados llantas, son un residuo no peligroso que contaminan ríos, lagunas, extensiones de terrenos, surcos, y dondequiera que se les deposite de manera irresponsable. Cementos Apasco tomó la iniciativa de cooperar con el medio ambiente al aprovechar este residuo que tiene un valor calorífico muy cercano al combustible alternativo en el horno de Klinker.

Esto surgió con base en un estudio que se hizo sobre masa y energía. Se detectó que los contaminantes que tienen las llantas no perjudicaban al producto, que era nuestra principal preocupación. Vimos también que podían servir para ahorrar hasta un quince por ciento del combustóleo que normalmente usamos. Sólo faltaba invertir un millón y medio de dólares para automatizar la alimentación de la maquinaria e incinerar las llantas. Se invirtió esa cantidad y desde junio de 1994 a la fecha hemos quemado cerca de siete mil toneladas de neumáticos, y nuestros reportes, verificados por la autoridad en la materia, señalan que los contaminantes que emite naturalmente una planta como la nuestra han disminuido en forma considerable. El Instituto Mexicano del Petróleo ha comprobado que los NOX, u óxidos nitrosos, disminuyeron. Lo mismo ocurrió con el CO_2, el dióxido de azufre y el ácido clorhídrico.

Un Cerro en su Vida

Un cerro adecuado para la fabricación de cemento es fácilmente distinguible porque carece de vegetación abundante; cuando tiene, ésta siempre es rala y pequeña, más bien triste. La piedra caliza, que es uno de los elementos primordiales en el proceso de fabricación, impide que crezca y se desarrolle la vida vegetal. Son las pruebas físicas y químicas sobre la constitución del cerro las que determinarán si es adecuado o no para su explotación. Hay quienes, sabedores de que cuentan en su propiedad con un suelo calizo, lo esconden porque no quieren ver asentada una planta de cemento en sus inmediaciones. Otros, en cambio, estarían deseosísimos de que en sus terrenos se localizara un cerro calizo. Saben que es valioso para los cementeros y quisieran venderlo. Dinero sólido con esa vecindad o austeridad con tranquilidad, usted, ¿qué prefiere?

Las grandes piedras son trituradas en las entrañas de la tierra.

Cosecha de la Esperanza

Texcoco

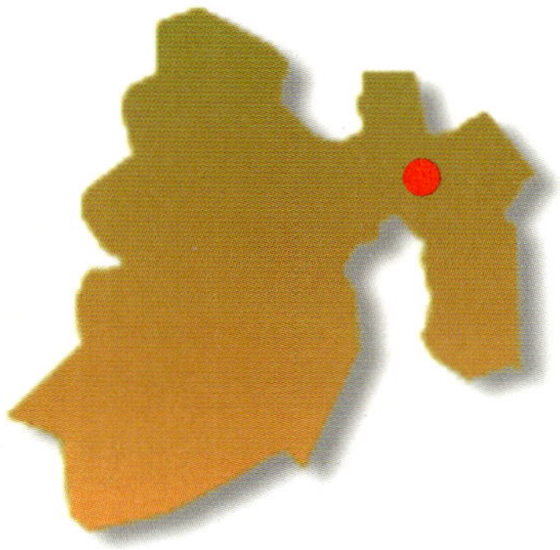

Doctor Gregorio Martínez

Por el año 8 000 a. de C. el trigo no era, como ahora, una planta lozana; era solamente una de las muchas hierbas silvestres que proliferaban por todo el Medio Oriente. Pero un extraño y silencioso accidente genético auspició que el trigo silvestre se cruzara con la planta llamada rompesacos.

Tal accidente debió ocurrir en muchas ocasiones y permitió que se combinaran los catorce cromosomas del trigo silvestre con los catorce de la otra y así dar como resultado una variedad mucho más robusta. Este híbrido pudo fortalecerse y perfilarse mejor porque sus semillas quedaron sujetas a la formación de una espiga más resistente... aunque no tanto como para que pudiera por sí misma germinar y ofrecer el trigo del pan. Una bella espiga de trigo nunca esparcería su simiente ya que es sumamente compacta y difícil de romper. Y aquí es donde interviene la magia: el trigo piensa que el hombre fue hecho para él porque sólo así puede propagarse y, en intercambio, el hombre cuenta con el trigo para alimentarse. Los trigos sólo pueden multiplicarse con la ayuda del hombre, y el ser humano debe cosechar las espigas y esparcir las semillas. La vida de cada cual depende de la otra. Fue así como esta conjunción feliz creó, hace aproximadamente diez mil años, lo que Bronowski[1] llama el paso definitivo en el ascenso del hombre: la agricultura.

[1] J. Bronowski, *El ascenso del hombre.* Fondo Educativo Interamericano,1979 Bogotá, p. 193.

La tierra también requiere de la ayuda del hombre.

Todas las evidencias con que contamos indican que esa actividad definitoria fue reinventada también en el Nuevo Mundo, en tiempos y circunstancias distintos, con un denominador común: el maíz también requiere –de manera indispensable– de la ayuda del hombre. De este modo, la agricultura sedentaria crea la posibilidad del crecimiento humano y fecunda la esperanza de poder abatir el ancestral hambre que desde sus albores ha acompañado al hombre.

Con marcados altibajos, hasta fines del siglo XVIII la agricultura dependía por completo de herramientas rudimentarias, variedades incipientes o mezclas de las mismas. Luego sobrevienen la Revolución Industrial y la consiguiente explosión demográfica, que transformaron para siempre los sistemas de autoconsumo y autocultivo, para entrar más tarde, en este siglo, a los conocimientos de la fitogenética que hicieron posible aumentar considerablemente la producción de alimentos.

Y es en esta misma dirección hacia donde apunta el nacimiento del CIMMYT (Centro Internacional para el Mejoramiento del Maíz y del Trigo) que fue fundado en 1966 en Texcoco. Su vocación es la investigación y capacitación, sin fines de lucro, para proporcionar una amplia variedad de productos y servicios que permitan mejorar la productividad, rentabilidad y sostenimiento del maíz y trigo en los países de escasos recursos.

Desde el ingreso a sus predios y parques, el visitante se percata de que está en un espacio propio del mundo desarrollado. Sus instalaciones lucen un cuidado y limpieza particulares. Los laboratorios, aulas, cubículos de investigación, cafetería, casa de visitas y canchas deportivas albergan estudiantes que lo mismo vienen de Ecuador o de Nigeria; los idiomas más escuchados son el inglés, el francés y el español. Entre sus muchos recursos de investigación llaman la atención los laboratorios de genética y biología molecular, donde se crean las nuevas especies que serán resistentes a muchas plagas y adquirirán tolerancia a la sequía, así como las cámaras frías que contienen el germoplasma mejorado, fuente de granos alimentarios.

El doctor Gregorio Martínez, quien ha estado en el CIMMYT desde su fundación nos explica:

Aprender, investigar y aplicar en la tierra.

Es demasiado ambicioso pero nuestro mandato es servir al mundo y así lo hacemos con los materiales de maíz y trigo que aquí se generan. Nuestra clientela no son los productores, no son los campesinos –aunque son los beneficiarios. Nuestra clientela está constituida por las entidades de investigación y promoción agrícolas de los países necesitados. En maíz llegamos a más de noventa países; en trigo a cien.

Nuestras semillas mejoradas se incorporan a los programas nacionales de cada uno de esos países. Veamos el caso de México: ha sido en el trigo donde mayor incidencia hemos tenido ya que el noventa y cinco por ciento de las variedades comerciales que se siembran han sido originadas en esta institución. En el caso del maíz el porcentaje es menor.

¿Por qué no tenemos en México mejor pan, mejor tortilla y más baratos?

Tenemos un pan bastante comparable con el de Europa Occidental. No tenemos mejores tortillas porque no somos autosuficientes en maíz. En grandes cantidades lo debemos importar y éste llega de diferentes calidades. No es blanco como a nosotros nos gusta, ésa es la razón de no contar con más y mejores tortillas.

¿Por qué importamos maíz si tenemos una larga tradición como país productor de ese grano?

No producimos lo suficiente por muchas razones. Una de ellas está en los precios que no son adecuados ni atractivos para los productores.

El maíz en México se produce bajo condiciones de temporal y eso ha hecho que seamos maiceros pero que también seamos –y desde siempre– importadores pues carecemos de la tecnología y los insumos necesarios. Sin embargo, la totalidad de las respuestas corresponden a los técnicos y a los políticos de las instituciones nacionales.

Para bien, se modifica la topografía del planeta.

Modernización a mano

¿Cuál es el camino que siguen los productos y servicios que ustedes generan en el CIMMYT?

Es sencillo. Generamos los materiales mejorados, los probamos en colaboración con decenas de otras entidades, quienes conjuntamente con el centro montan ensayos de prueba y selección para ver cuáles son los más promisorios de acuerdo a cada región. Una vez hecho esto, el material se distribuye gratuitamente a esas entidades que le dan su acabado y lo lanzan en sus distintos territorios. Más tarde viene la multiplicación y distribución de esas semillas. Ésa es nuestra ruta. No duplicamos el trabajo de las entidades nacionales. Somos un organismo internacional y somos sensibles a los sentimientos y decisiones de cada país.

¿Cómo nace este Centro?

Los programas que dieron origen a este centro tuvieron como sede los alrededores de Chapingo. Originalmente el lugar perteneció a la Secretaría de Agricultura y nos fue asignado gracias a la actitud hospitalaria y de gran colaboración que siempre hemos tenido con las autoridades del Estado de México. Esta es nuestra sede y gran parte de nuestro trabajo se desarrolla en otras regiones del país. Por ejemplo, el trabajo de campo sobre el trigo se hace mayormente en Sonora; para representar la parte tropical baja tenemos otro campo en Poza Rica; las zonas intermedias las exploramos en Morelos y, para representar las zonas altas y húmedas está Toluca.

¿Cómo está organizado el CIMMYT?

Tenemos alrededor de cien científicos de categoría *senior* que provienen de cuarenta países distintos. El sesenta por ciento de nuestros investigadores están en México; el resto en programas regionales donde el maíz y el trigo son

importantes. Tenemos gente en Centroamérica, en la zona andina de América del Sur; en el sureste asiático, en el subcontinente indopaquistaní, en el norte de África, en África occidental y en Sudáfrica. Forman parte de nuestros programas regionales. Interactuamos con otros centros como con Nigeria o Zimbawe.

Las cúpulas directivas son nombradas por los propios centros, y el hecho de ser patrocinador de algún centro no da el derecho a figurar en las mesas directivas de ellos, medida muy sabia. El órgano máximo de gobierno de este centro es el consejo directivo constituido por diecisiete personalidades en el área de la administración y las ciencias agrícolas.

¿Cuál es la principal aportación del centro?

Probablemente no hubiera habido avances tan rápidos como los que ocurrieron en el campo del trigo y del maíz. Hemos sido un agente acelerador y orientador de muchos programas nacionales débiles que apenas comenzaban, y creo que no hay ningún programa del área en el mundo desarrollado que no haya tenido a sus investigadores aquí. Parte de nuestro trabajo es la capacitación. Así, hemos tenido alrededor de cinco mil investigadores en maíz y trigo durante los últimos treinta años

que a su vez orientan y desarrollan los programas de sus respectivas naciones.

Siempre tenemos gente de los países ricos porque hay diferentes categorías de interacción y capacitación. Debemos captar tecnologías para transferirlas a los países pobres. Asimismo, producimos el germoplasma junto con la metodología para ofrecer resultados eficientes. Este resumen se contabiliza en el doctor Norman Bourlaug quien obtuvo reconocimiento universal por haber producido y adaptado trigo mejorado para muchas regiones del mundo entero. Este trabajo lo hizo en México y su impacto llegó hasta países que padecían hambrunas. Él movió trigos de aquí a Sonora y fue seleccionando, durante veinticinco años, distintos tipos de semillas con base en muchos factores para así ayudar a la humanidad.

NORMAN BOURLAUG

La cabellera es totalmente blanca y la penetración de los ojos se acentúa por la intensidad azul de sus ojos. Viste un sencillo pantalón de casimir, una camisa de manga corta y una corbata cortada y diseñada hace dos decenios. Su voz es clara y el acento de idioma inglés es cargadísimo; como si apenas hoy estuviera desembarcando de su natal Estados Unidos.

Empecé a trabajar aquí en septiembre de 1944, precisamente en el Estado de México, allá enfrente, en Chapingo; fui parte del equipo que llamábamos en ese tiempo la Oficina de Estudios Especiales que fue un programa de cooperación entre el gobierno de México y la Fundación Rockefeller. Tenía como objetivo entrenar a una nueva generación de mexicanos en diferentes disciplinas científicas como agricultura, genética, mejoramiento de plantas y de suelos para restablecer la fertilidad agrícola, control de insectos, malezas, etcétera.

A mí me tocó organizar los trabajos en trigo. Los inicié en Chapingo y luego en

el valle de Toluca. Cuando llegué había una población de tan sólo veintidós millones de habitantes, y aunque mucho se haya aumentado la producción de alimentos, es más, mucho más, lo que ha aumentado la demanda por parte de una población en constante crecimiento.

He vivido aquí casi toda mi vida. Mi hijo nació aquí y mi hija llegó cuando apenas tenía un año; aquí se formaron y hablan español mucho mejor que yo.

La gran transformación en la que estuve involucrado fue en el trigo. Principalmente en Sonora, Sinaloa y el Bajío. Los jóvenes asiáticos que venían a entrenarse aquí aprendieron bien y cuando llegó una crisis terrible en sus países –India y Pakistán– lograron la autosuficiencia alimentaria. Cuando trabajé en la India en forma intensiva en 1963, había una población de cuatrocientos sesenta y cinco millones de habitantes; hoy en día cuenta con novecientos setenta millones y a pesar de esto la producción de alimentos se ha mantenido, sobre todo en los básicos: trigo y arroz, aunque tienen también mucho en papa y leche. Cuando la población crece aceleradamente no sólo es más difícil producir sino también repartir equitativamente. He trabajado con todo tipo de gobiernos: democracias, dictaduras, gobiernos socialistas, etcétera.

He utilizado tecnología mexicana en muchos sitios, incluyendo China; los trigos que hicieron posible la llamada revolución verde fueron mexicanos. También en Pakistán esos conocimientos fueron aprovechados; de tres y medio millones de toneladas de trigo en 1965, llegaron a diecisiete, casi dieciocho millones de toneladas unos años después. También hemos tenido buena recepción en Brasil, Argentina, Chile. En México, desgraciadamente tenemos un severo problema, las mejores tierras están en el norte donde no hay lluvia, y la lluvia cae en Chiapas pero la zona es montañosa. Hay un desequilibrio ocasionado por la naturaleza y corregirlo es casi imposible. El mexicano, no obstante, siempre sabe salir adelante, incluso con dificultades, contra la geografía.

Para mí lo decisivo en la vida es contar con los elementos que posibiliten una vida decente, agradable, digna. Techo para protegerse, camisa sobre la espalda, escuela para los hijos, alimentos, salubridad y empleo. Sólo así se puede potenciar la productividad y la creación que todo ser humano lleva adentro.

Decididos a Mejorar el Municipio

Jilotepec

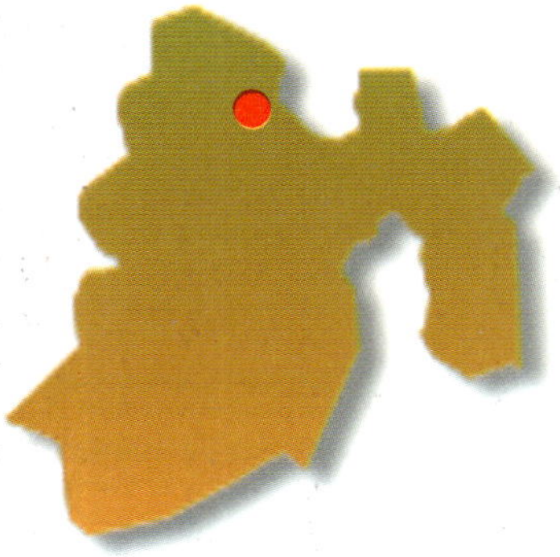

Predios y huertas en proceso de mejorarse.

Si bien eran muchos los motivos que tenían para estar agradecidos a la vida pues el pueblo cuenta con naturaleza y clima propicios para el cultivo de alcachofas o de árboles frutales como membrillos, peras y manzanas, también era cierto que algo había que hacer. Las aguas negras carecían del drenaje suficiente que las condujera a una planta recicladora; las ocho hectáreas del parque donado por don Ismael que se usan como pastizal; las granjas avícolas y porcícolas que lanzan sus pestes a los cuatro vientos; la basura que, como en casi todo el país, se arrejunta en algún costado de las bardas cuando sopla el ventarrón, y los paracaidistas que se asientan aquí y allá, eran los motivos de preocupación de un grupo que en Jilotepec ha encontrado raíz, trabajo y reposo.

Se reunieron en casa de don Óscar, el notario. Ahí estaban Pedro, el comerciante; Oralia, que tanto cariño tiene por el parque; Pepe, el director del centro de capacitación obrera; Nina, la arquitecta que posee un probadísimo amor por la vida; Raúl, con sus inquietudes de escritor; Manuel, que lo mismo hace casas que diseños, y Raquel, de fina sensibilidad y esposa del negociante local más rico. Cada uno de ellos apuntó desde diferente ángulo a la misma presa: limpiar, edificar, reforestar. Ofrecer capacitación a niños y jóvenes; formar un centro de acopio con el propósito de reciclar los papeles, cartones, vidrios, empaques, neumáticos, trapos, botellas y latas que

Grupo ecologista decidido a mejorar su municipio.

Así operaban las granjas avícolas.

sin misericordia son tirados en ríos, surcos, calles y plazas.

Aprovecharon una visita que hizo a la cabecera municipal el gobernador César Camacho Quiroz y le solicitaron apoyo para que Jilotepec fuera considerado un municipio ecológico piloto. Desde ese momento, el gobierno estatal los ha ayudado. Con nuevas disposiciones, atenciones frecuentes del gobernador y de la química Martha García Rivas, secretaria de Ecología estatal, y con un donativo para el Parque de la secuoyas –que en pocos años será un lugar muy especial pues ya están plantando esa especie que es el árbol vivo más antiguo que conoce el hombre. Proviene del norte de California, en Estados Unidos, y llega a tener un diámetro de diecisiete metros cuarenta centímetros de altura y más de mil años de existencia. Ésa es la magnitud de lo que el grupo ecologista de Jilotepec aspira a llevar a cabo. Ahora son más en el grupo pues se han ido incorporando los maestros –que ya plantaron la avenida de los maestros en el proyecto de parque realizado por el conocido arquitecto paisajista Mario Shetnan–; también los taxistas han creado su propio espacio; los vendedores, y muchos particulares entre los que sobresalen niños y jóvenes como los Álvarez, los Reyes Retana, los García Martínez, los Sánchez, los Luna.

En Jilotepec se han pintado bardas alusivas, se han distribuido folletos de capacitación e información; el drenaje continúa construyéndose; se exhorta a los polleros y criadores de cerdos a cambiar de actitudes mentales; se busca adecuar el rastro. En suma, quienes crearon el MAC, como se le llama al Movimiento Ambiental Ciudadano, persisten en mejorar su municipio y aspiran a que tal tipo de actividades se difundan y desarrollen por todo el Estado de México. Saben que son los ciudadanos quienes tienen que impulsar esos avances y quieren que la secuoyas sean, en el presente y en el futuro, los enormes testigos de un esfuerzo que bien vale la pena.

Faenas voluntarias de reforestación en Jilotepec.

EL FUTURO YA NOS ALCANZÓ

OCOYOACAC

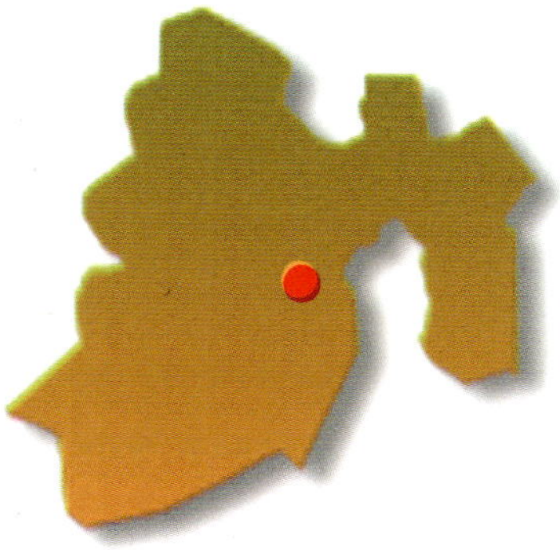

EL PAISAJE PODRÍA ser canadiense o suizo. Las coníferas dan cuerpo a todas las ondulaciones del terreno, y allá, en lo alto de las cimas, un asomo de nieve quiere coronar el éxito del viajero que logra aproximarse a una enorme puerta de grueso alambre que regula el acceso al Instituto de Investigaciones Nucleares. Un pasto bien recortado no puede impedir vastas manchas amarillentas producto de las severas heladas que aún hasta el mes de abril se dan por esa alta región de Ocoyoacac. Edificios espaciados y con el estilo arquitectónico de hace unos cuarenta años son la sede de un poco más de novecientas personas, de las cuales seiscientas están clasificadas como profesionales investigadores. Ellos tienen una doble misión: investigar e innovar para poder ofrecer servicios de reconocida utilidad a la

Sede del Instituto Nacional de Investigaciones Nucleares.

comunidad. Es, sobre todo, un laboratorio nacional, un centro en el que hay cosas únicas y, en consecuencia, es ampliamente solicitado en muchos aspectos.

El doctor en física, Miguel José Yacamán, director general, es generoso para brindar información:

Los científicos tenemos que entrar al siglo XXI con la misma actitud que tuvieron los científicos del siglo pasado, con una enorme vocación de servicio. Pondré un ejemplo: alrededor de 1850, Faraday demostró el concepto de la electricidad mediante un aparato creado en su modesto laboratorio que presentó en una ceremonia pública. Un funcionario del gobierno inglés le preguntó qué aplicaciones tendría eso y Faraday respondió: "Todavía no lo sé, pero algún día usted cobrará impuestos por esto". Así, el año pasado se cumplieron los primeros cien años del des-

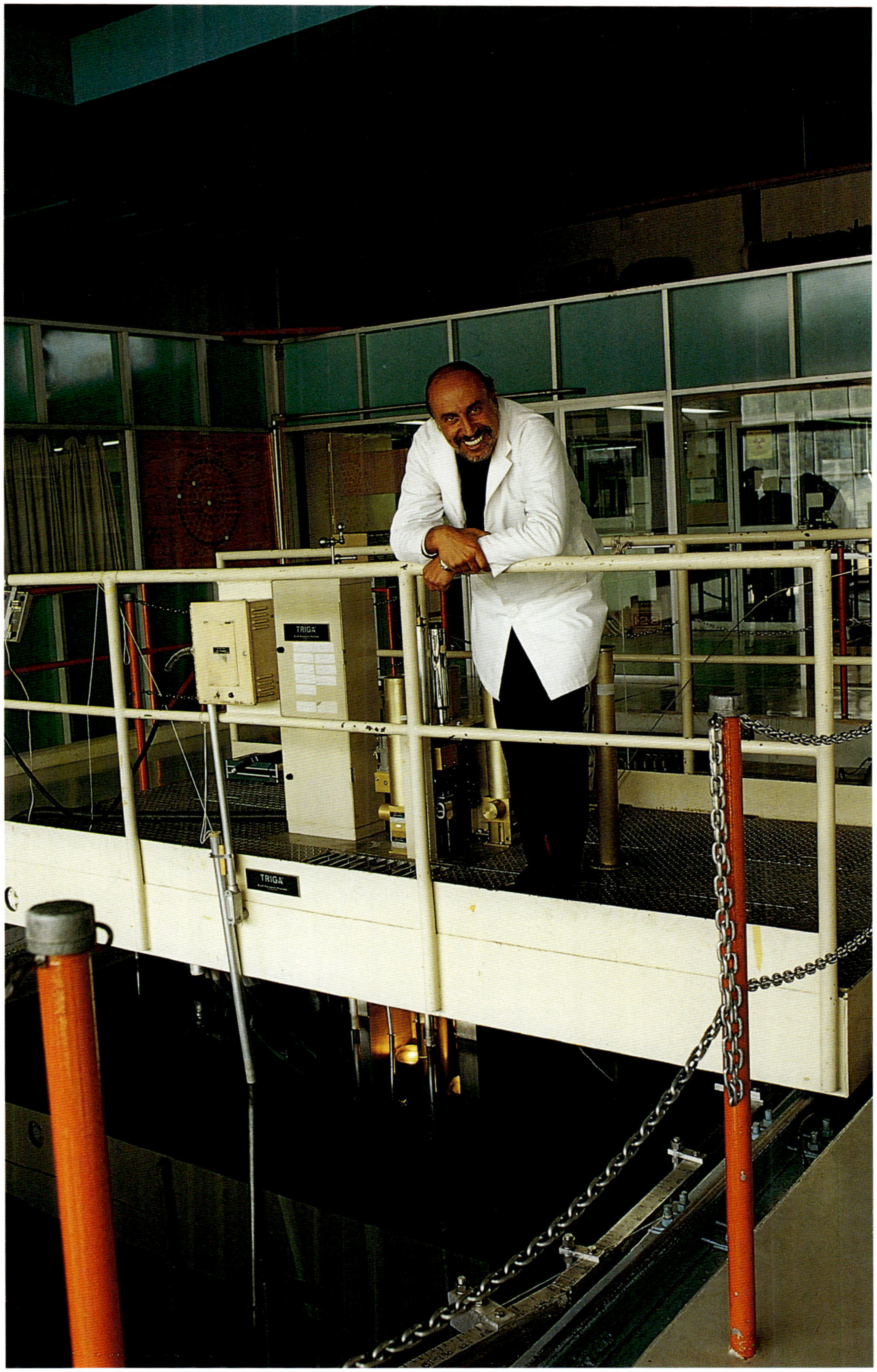

Doctor Miguel José Yacamán.

Alimentos procesados y mucho mejor preservados gracias a la energía nuclear.

cubrimiento de los rayos X; este año se cumple el centenario de la radioactividad y el próximo se celebrarán los cien años de haber descubierto el electrón. Tenemos que admitirlo, somos herederos del siglo XIX.

El acceso al reactor nuclear es un tramo bien vigilado aunque los anfitriones son en extremo amables. Debe ser –sin duda– por la presencia del maestro Efrén Rojas, secretario de Educación Pública del Estado de México, que facilita llegar hasta la base misma del receptáculo que lo contiene, atrapado en una especie de piscina de agua purísima que de tan cristalina se alcanzan a percibir las barras de uranio enriquecido que lo alimentan. Este reactor nuclear, el único en el país que sirve para la investigación, es pormenorizadamente descrito por la doctora Lydia Paredes Gutiérrez:

El cilindro inferior es el núcleo y contiene ochenta y dos barras de combustible. Tenemos 7.8 metros de profundidad y el agua es desmineralizada. Le hemos quitado todas las impurezas a través de resinas aniónicas y catiónicas para asegurarnos de que sea agua limpia debido a que todos los metales que empleamos son de acero inoxidable o de aluminio, y con agua contaminada podríamos provocar su corrosión.

En la medida en que nos adentramos en la profundidad y cercanía con el núcleo del reactor, el nivel de radiación aumenta. Aunque no la percibamos con los sentidos, existen campos de radiación muy altos cerca del núcleo. Los flujos son del orden de diez a trece neutrones por centímetro cuadrado por segundo; intensidades muy altas para producir de manera artificial algo que no tenemos en la naturaleza...

Tales expresiones en boca de una experta que viste bata blanca no dejan de sembrar un mínimo de temor y una cascada de preguntas acuden de inmediato, puesto que la tragedia de Chernobyl hace diez años aún no se borra de la memoria, y mucho menos cuando se está ante la presencia de un silencioso como poderoso reactor nuclear. Este ente no es, sin embargo, el producto de la fantasía; es el acrisolado esfuerzo de un grupo de calificados científicos, diplomáticos y políticos que hace cuarenta años fundaron la Comisión Nacional de Energía Atómica con la idea de promover y regular ese tipo de actividad. De ahí surgió el proyecto sobre la creación de un centro nuclear de investigación en los años cincuenta.

Toda la ciencia mexicana de esa época se configura alrededor de un sueño. Y éste se realiza hasta 1964 con los pioneros Bodet Fernández y Sandoval Vallarta. Después de distintas etapas y pormenores de toda suerte, actualmente el ININ realiza tareas definitivas e irremplazables. Primero, llevan a cabo intensos programas de posgrado en colaboración con la UNAM, la UAEM, la UAM, el IPN. Esto comprende un importante flujo de visitantes –tanto profesores como conferenciantes– que llegan a dar cursos. A su vez, el ININ

Doctor Miguel Balcázar García.

Tecnología de punta en el ININ.

Doctora Lydia Paredes.

ofrece distintos grados de capacitación en manejo radioactivo. Segundo, producen combustible nuclear para la planta de la Comisión Federal de Electricidad en Laguna Verde, Veracruz. Tercero, ante el grave problema de qué hacer con los desechos hospitalarios, están desarrollando un horno que trabaje a temperaturas en extremo altas que permitan destruir totalmente esos desechos. Cuarto, están apoyando a las exportaciones nacionales al bajar el contenido bacteriano de distintos productos que no admiten ningún tipo de insecticida como son el chile o el ajo en polvo, los productos de belleza como shampú o rímel, y los útiles de aplicación sanitaria como son las hipodérmicas y otros que requieren estricta esterilización. Quinto, la contribución a la lucha contra la contaminación ambiental tiene en el ININ un enfoque particular: son tres los elementos fundamentales a los que más importancia se les da: el ozono, los hidrocarburos y las partículas suspendidas. A este último factor están dedicando el grueso de su esfuerzo.

Consideran que las partículas provocan mayor expansión de ozono y las están evaluando desde su origen hasta las reacciones químicas que provocan. Y así la lista podría formar un largo inventario de tareas productivas, pero las esenciales pueden ser agrupadas en investigación científica básica, investigación tecnológica aplicada a las necesidades de la industria, la formación de profesionales, y los servicios que ofrece a la sociedad. El doctor Yacamán puntualiza:

Estamos atravesando una crisis muy severa de la que inevitablemente surgirán cambios en dos planos: el nacional y el mundial. Si por una parte hemos visto reducido nuestro pre-

supuesto, no es menor lo que enfrenta la energía mundial en todas partes. Veámoslo de este modo: por lo menos la mitad de los científicos estadunidenses –y quizás la misma proporción de Europa occidental– dedicaban su talento y esfuerzo a diversos asuntos relativos a la guerra fría y a la belicosidad que eso entrañaba. Por ello, justamente, se dedicaba a la investigación una cantidad relevante de los recursos. Con la caída del muro de Berlín y con la desaparición de la Unión Soviética, *El imperio del mal*, como le decía Ronald Reagan, también ha decrecido el interés por la investigación nuclear.

Pero lo nuclear no decae en el país: también tiene aplicaciones en la medicina pues conjuntamente con la Secretaría de Salud se establecen están-

Tareas sumamente productivas para el país.

dares de calibración para que la radiación en los aparatos en consultorios, laboratorios, clínicos y hospitales contengan las dosis adecuadas para que el operador y el paciente las reciban. Asimismo, ya se han estudiado las pinturas de las ruinas prehispánicas en Cacaxtla, Palenque y Chichén Itzá para terminar con el mito de que eran hechas con meros compuestos vegetales. Gracias a las técnicas con aplicación nuclear se ha comprobado que eran similares a las que se usaron durante la Edad Media en Europa ya que contienen partículas metálicas imbuidas en cerámica.

Sobre el uso específico de la energía nuclear mexicana en la medicina, el doctor Miguel Balcázar García apunta:

Hay una enfermedad que se puede diagnosticar en niños recién nacidos; esta patología no se manifiesta sino hasta la edad adulta e incluso puede producir retraso mental. Su rápido diagnóstico es, en consecuencia, sumamente importante. Esa enfermedad se detecta por medio de un radioisótopo que se tenía que importar –a un costo muy alto- hasta hace muy poco. Recientemente en el ININ se desarrolló ese isótopo a un costo de producción once veces más bajo, lo que permitirá que una mayor población tenga acceso a este estudio. Por otro lado, hemos desarrollado otro tipo de isótopos que tienen utilidad en la etapa terminal de ciertos pacientes con cáncer y su suministro mitiga en mucho el dolor.

Al dejar las instalaciones del ININ es inevitable toparse con profesores, estudiantes e investigadores que caminan entre los senderos arbolados o por los prados, dirigiéndose a o regresando de los salones de clase, hacia los laboratorios o haciendo fila para ingresar al comedor. La gran mayoría de ellos saben que si el positivismo los dividió en físicos, químicos, biólogos, matemáticos, en este sitio ya no debe haber una distinción tan tajante pues ha sido la razón y no la naturaleza quien ha creado esos límites. Ahora, si alguien trabaja en el campo de la química, también debe saber de física y de biología; ahí, en el ININ están empeñados en cambiar el concepto del técnico por el del científico al que a un tiempo no le resulten ajenas las disciplinas humanas y las sociales. Es de ese modo como aspiran a entrar al siglo XXI.

Los científicos deben entrar al siglo XXI ▶
con una enorme vocación de servicio.

Agradecimientos

Todos los libros son obras colectivas. El presente no es la excepción. Si bien las tareas de concepción, selección de temas y personas, así como la investigación, redacción, supervisión y responsabilidad general son estrictamente de autoría individual, hay otros resultados que no se pueden alcanzar sin el apoyo decidido de otras personas. Por ello, deseo mostrar mi agradecimiento a quienes fueron más allá de sus encomiendas profesionales para lograr la realización del presente trabajo. Ellos son: maestro Efrén Rojas Dávila, licenciado Jorge Guadarrama López, arquitecto Sergio Molina Salinas, licenciado José Antonio Gutiérrez Gómez y Guillermina Martínez Rocha, ingeniero Juan José Guerra, licenciado Alfonso Camacho, licenciado Martín Echeverrí, María Eugenia Pliego y Rogelio Conde.

También deseo ofrecer testimonio sobre el variado arco de opiniones, argumentos y sugerencias que me permitieron desarrollar y concluir el presente trabajo. En riguroso desorden alfabético citaré a quien nunca desfallece en su incondicional apoyo: Nina Wanders. Inmediatamente a Mari Lupe Tanco, José García Martínez, Daniela Cremoux, Óscar Reyes Retana, Sergio Mancilla Guzmán, Manuel Álvarez Fuentes, Rafael Moreno Valle, José Campillo Sáinz, Sergio García Ramírez.

R.C.

La edición de *De la obsidiana al uranio*
estuvo a cargo de *Contornos*.

Martha León
Coordinación general y diseño

María Teresa Solana
Cuidado editorial

Ma. del Carmen Miranda
Asistente de diseño

Alberto Alonso
Formación y diagramación

Claudia Rojo
Captura

Aurelio Auza
María Estrada
Asistentes

Créditos fotográficos

Biblioteca del Colegio Mexiquense
pp. 8, 9, 35, 104, 125.

Libro *El Estado de México*, Instituto Mexiquense de Cultura
pp. 30, 60, 81 superior.

Instituto de Investigaciones Nucleares
pp. 170, 180, 203.

De la obsidiana al uranio se terminó de imprimir en diciembre de 1996 en los talleres de Litográfica Turmex, S. A. de C.V., Lago Silverio 224, México, D.F. Se imprimió en papel couché multiart semimate de 150 kg. En su composición se utilizaron tipos New Baskerville, Helvetica Condensed, Copperplate 32 BC y Univers. El tiraje fue de 10,000 ejemplares más sobrantes para reposición. La edición estuvo a cargo de *Contornos.*